1 MONTH OF
FREE
READING

at
www.ForgottenBooks.com

By purchasing this book you are eligible for one month membership to ForgottenBooks.com, giving you unlimited access to our entire collection of over 1,000,000 titles via our web site and mobile apps.

To claim your free month visit:
www.forgottenbooks.com/free1278801

ISBN 978-0-364-85263-7
PIBN 11278801

DES

COMMISSAIRES DES TRAVAUX PUBLICS

POUR

L'ANNÉE EXPIRÉE LE 31 DÉCEMBRE 1856 :

TRANSMIS

EN CONFORMITÉ DES DISPOSITIONS DE L'ACTE, 9 VIC., CHAP. 37.

IMPRIMÉ PAR ORDRE DE L'ASSEMBLÉE LÉGISLATIVE.

TORONTO:

IMPRIMÉ PAR JOHN LOVELL, COIN DES RUES YONGE ET MÉLINDA.
1857.

RAPPORT GÉNÉRAL

DES

COMMISSAIRES DES TRAVAUX PUBLICS,

POUR L'ANNEE 1856.

A Son Excellence Sir Edmund Walker Head,

GOUVERNEUR GÉNÉRAL DE L'AMÉRIQUE BRITANNIQUE DU NORD, ETC, ETC.

PLAISE A VOTRE EXCELLENCE,

Les soussignés, commissaires des travaux publics, ont l'honneur de soumettre à votre excellence un rapport général sur les différents travaux, etc., dont ils ont la charge et l'administration conformément aux dispositions de l'acte 9 Vic , ch. 37, section 14, qui exige qu'un pareil rapport soit mis devant votre excellence et les deux chambres de la législature, pour indiquer l'état de chacun des travaux et le montant des recettes et des dépenses qui s'y rattachent.

Ci-suivent les états qui accompagnent le rapport :

No. 1.—Etat des travaux qui rapportent un revenu, en indiquant le coût de leur construction. jusqu'au 1er janvier 1857, les dépenses qui y ont été faites depuis le dernier rapport, et les frais nécessaires aux réparations, à l'entretien et à l'administration.

No. 2.—Etat des travaux qui ne rapportent aucun revenu, indiquant le montant des deniers qui y ont été dépensés jusqu'au 1er janvier 1856, et les déboursés encourus depuis cette date jusqu'au 1er janvier 1857.

No. 3.—Etat des dépenses encourues depuis la date du dernier rapport, pour ériger, réparer et entretenir les phares, bouées, etc., etc.

No. 4.—Etat des montants payés ou des sommes adjugées pour dommages depuis le dernier rapport ; indiquant aussi les sommes payées aux arbitres ou aux commissaires, pour services et dépenses.

No. 5.—Etat général, indiquant le total des sommes dépensées par le département des travaux publics, tel que détaillé dans l'état précédent.

A³⁵

CANAL WELLAND.

Ouverture et clôture de la navigation.—La grande quantité de glace sur le lac Erié et la lenteur du printemps ont retardé l'ouverture de la navigation sur ce canal, en 1856, jusqu'au 26 avril, ce qui a été dix jours plus tard que l'année précédente, et les froids l'ont fait fermer le 19 de décembre dernier. La saison de la navigation en 1856 a donc été plus courte de 11 jours que celle de l'année précédente.

Cependant le nombre des vaisseaux qui ont passé par le canal excède de soixante-neuf celui de 1855.

Interruptions causées à la circulation.—La seule interruption de quelque conséquence qui soit survenue dans la circulation de la saison dernière, a été causée par l'enlèvement des portes de l'écluse No. 7, le 11 de novembre, et la navigation a dû être arrêtée pendant quatre jours. A part cela, il n'y a eu que peu de retardement, le temps nécessaire seulement, (pas plus que quelques heures) pour remplacer une porte par une autre quand elle avait été endommagée par les vaisseaux.

Il a été impossible d'éviter de faire de grandes dépenses pour la construction de portes d'écluses et de ponts en remplacement de ceux et de celles qui par un trop long usage ou par quelques avaries n'offraient plus assez de sûreté. A l'ouverture de la navigation, le canal se trouvera dans un très bon état sous le rapport des portes d'écluses, car on en a posé de bonnes à chaque écluse, sans compter qu'il y en a eu un nombre suffisant de mises en réserve pour les cas pressants.

En procédant à la reconstruction des ponts à la chaussée de Dunnville et à Sulphur Creek il a fallu faire beaucoup plus d'ouvrage qu'il n'avait été cru nécessaire d'abord, en conséquence de l'état de décadence ou se sont trouvés les piliers. On les a réparés d'une manière solide, et ils seront plusieurs années sans exiger de nouvelles réparations.

Le nombre croissant des vapeurs passant par le canal et l'effet de la lame qu'il laissent par derrière eux sur les bords, ont nécessité une dépense considérable pour protéger la rampe.

La tempête du 14 décembre dernier, la plus forte qui soit arrivée depuis 1844 sur le lac Erié, a causé beaucoup de dommage aux piliers des ports Colborne et Maitland, et il en coûtera environ £3000 pour les réparer.

Le tableau qui suit donne le revenu comparatif du canal pour les trois dernières années respectivement :

	1854.			1855.			1856.		
	£	s.	d.	£	s.	d.	£	s.	d.
Péages perçus à Port Colborne	31,885	0	4	35,645	17	8	43,956	19	0
" " Port Robinson	1,216	18	8	1,386	18	2	1,116	17	6
" " Port Maitland	395	16	8	410	4	2	264	19	3
" " Dunnville....	2,204	7	3	1,514	3	2	1,535	1	4
" " St. Catharines	560	5	5	503	13	2	604	19	4
" " Pt. Dalhousie	14,439	5	4	14,968	9	8	17,913	4	3
£	50,691	13	8	64,429	6	0	65,392	0	8
Loyers annuels des pouvoirs d'eau.	2,097	15	4	2,212	2	10	2,270	5	4
Pr levé sur ventes de terres...	1,098	6	5	72	16	2	159	0	0
Do pour amendes et dommages...............	162	7	6	391	7	6	440	1	3
£	54,050	2	11	57,105	12	6	68,261	7	3

Il fait voir que les recettes brutes pour 1856 dépassent de 26 pour cent celles de 1854, et de 20 pour cent celles de 1855.

Le montant total des loyers annuels des pouvoirs d'eau et des autres propriétés données à bail sur ce canal, est de £2,270 5s. 4d.

On s'occupe maintenant de la collection des loyers de l'année expirée le 31 décembre 1856. Les arrérages de loyers, à venir à 1856, se montent à £2,145 4s. 5d., et ils ont été remis à l'avocat pour collection ; à venir au premier de janvier dernier, il en avait perçu £307 6s.

Le montant du produit de la vente des terrains non requis pour le canal et dont il a été disposé, à venir au 1er janvier 1857, y compris les intérêts, est de £6,978 10 8

Le montant payé à même cette somme, le 1er janvier 1857, est de 1,731 2 3

£5,247 8 5

Sur cette balance la compagnie de prêt du canal
Welland doit......................... .... £2,064 3 3

Et la municipalité du canal Welland................. 3,017 17 1

5,083 0 4

Laissant une balance de £164 8s. 1d., que doivent des particuliers et qui sera payée par versements à mesure qu'ils deviendront dûs.

Le montant des amendes et des indemnités pour dommages causés aux travaux, imposées aux vaisseaux à venir au 1er janvier 1857, est de.. £585 6 7

Montant payé sur do 440 1 3

Balance non payée.... .... £145 5 4

Dont partie a été remise à l'avocat pour collection. Quant au résidu, qui est en petites sommes, il a été jugé inexpédient de retenir les vaisseaux ; mais ces comptes seront payés aussitôt après l'ouverture de la navigation.

L'élargissement partiel du havre de Port Colborne, auquel la législature avait pourvu, a été effectué d'une manière satisfaisante, à l'exception de quelques bancs de sable qui n'ont pas encore été enlevés, mais qui le seront aussitôt que la glace aura disparu. Mais il reste à pourvoir à beaucoup d'autres commodités indispensables pour les vaisseaux, tant en ce qui regarde la circulation du canal même, que pour ce qu'il faudra lors de l'achèvement du chemin de fer qui aboutit ici. Le plan de ce havre a été fait de manière à le rendre susceptible d'extension de temps à autre, à mesure que l'accroissement du commerce l'exigerait ; et les améliorations qu'il a laissées à faire comprennent non seulement cet agrandissement du havre ou bassin intérieur, mais aussi une jetée brise-lame à l'extérieur, qui doit être construite sur un lit ou chaîne de rochers qui s'étend du rivage au sud du pilier est, à environ 700 pieds de l'extrémité extérieure du pilier ouest, sur lequel est le phare. Ce brise-lame abriterait une aire considérable où l'eau est suffisamment profonde pour tout vaisseau qui navigue sur le lac Erié, et serait une précieuse addition à cette extrémité de cet important ouvrage. Le bassin intérieur, quelque élargissement qu'on lui donne, ne sera pas plus que suffisant pour recevoir les vaisseaux qui se préparent à passer le canal, ou qui déchargent aux quais ; mais dans le cas d'un gros temps, il arrive souvent qu'un bon nombre de vaisseaux accourent se mettre à l'abri dans le port Colborne, et tant que ce havre extérieur ne sera pas formé par le brise-lame en question, ces vaisseaux auront nécessairement à rentrer dans le bassin intérieur, en courant de grands risques tant pour eux-mêmes que pour ceux qui seront entrés avant eux.

Ce havre extérieur une fois fait, le bassin intérieur ne serait plus exposé à s'encombrer ; le passage des vaisseaux de ce bassin au canal serait facilité, et les vaisseaux qui chasseraient sous la violence des tempêtes, y trouveraient un refuge des plus sûrs.

Les travaux de creusement et d'élargissement du canal, dans la vue d'abandonner le point de partage actuel des eaux pour adopter le lac Erié comme tête d'eau, ont été poussés avec vigueur l'année dernière. L'accroissement du commerce qui y circule, et le manque d'eau qui arrive annuellement, parceque la grande rivière n'en fournit pas assez, exigent d'une manière impérative qu'il ne soit apporté aucune interruption ou délai dans l'exécution de cet ouvrage qui devrait être terminé aussitôt que possible.

Les rapports antérieurs de ce département ont si souvent et si fortement démontré la nécessité d'agrandir considérablement les dimensions du canal, que les soussignés croient devoir se contenter aujourd'hui, de dire que cette nécessité se fait tous les jours de plus en plus sentir.

L'excellent rapport de M. T. C. Clarke, ingénieur civil, sur le commerce de l'ouest, est si plein de renseignements sur le sujet, et démontre si clairement l'accroissement extraordinaire et rapide qui doit avoir lieu, et la nécessité de le prévenir en élargissant les canaux par où il devra certainement passer, si l'on en adopte les moyens sur une bonne échelle, que les soussignés sont induits à donner ici le rapport tout au long. (Voir appendice, lettre A.)

En déterminant la manière dont pourra s'obtenir le plus effectivement l'agrandissement des dimensions du canal Welland, il faudra considérer que la partie de cette ligne qui requiert le plus de modifications est celle du lac Ontario, a la tête de l'écluse de la Montagne à ou près de Thorold ; et pour cela, trois moyens ont été suggérés : le premier, de laisser les eaux du lac Ontario par la rivière Niagara, un peu au-dessus de la ville de Niagara, traverser le plateau et ensuite monter graduellement par la vallée du Welland Creek, et dans le canal à ou près de la tête des écluses ; le second, de suivre la ligne des travaux actuels presque d'un bout à l'autre, du port Dalhousie, par Ste. Catherine, à Thorold ; le troisième, d'adopter la ligne actuelle du port Dalhousie à Ste. Catherine, et de là continuer par la vallée du Twelve Mile Creek et par Decew's Falls et entrer dans le canal quelque part entre Thorold et Allanburgh.

Ce dernier présente de grandes objections, entre autre, celles que la petite rivière est sujette à de fortes crues qui emportent beaucoup de sédiment, qu'étant bordée principalement par des bords de glaise très élevés il n'y aurait pas moyen de donner cours aux inondations autrement que par le canal, et que la montée à Decew's Falls est si forte qu'il faudrait nécessairement avoir recours à une combinaison d'écluses dans un roc très dur et très profond. En second lieu, il serait impossible de suivre la direction des travaux actuels pour la ligne du canal élargi, car il n'y aurait pas assez d'espace pour le surcroît de longueur des écluses ; cela apporterait d'ailleurs de tels obstacles à la navigation actuelle, qu'il s'en suivrait nécessairement de fréquentes interruptions et des dépenses très considérables dans la circulation, et quand l'ouvrage serait terminé, les avantages qu'il offrirait seraient de beaucoup inférieurs à ceux que présente la ligne en premier lieu mentionnée, savoir, celle de Niagara à Thorold.

Les soussignés, sachant qu'une étude soignée, avec un aperçu des dépenses, avait été faite et préparée pour cette ligne, par Walter Shanly, écr., ingénieur civil, ont fait venir du département toutes les cartes, rapports, estimations etc., se rattachant à cette étude, et ils ont pu par ce moyen éviter la nécessité et les délais d'une nouvelle étude, et les renseignements nécessaires ont pu être ainsi obtenus d'une source à laquelle on peut s'en rapporter avec la plus grande confiance.

Pour le rapport de M. Shanly, voir appendice, lettre B.

CANAUX DU ST. LAURENT.

Les divers canaux qui sont compris sous ce titre, construits pour obvier aux rapides des Galops, la pointe aux Iroquois, rapides Plats, et la pointe à Farren ont été ouverts le 28 d'avril et fermés le 6 décembre 1856, donnant une navigation de 223 jours, durant laquelle il n'est survenu aucun accident assez considérable pour interrompre le passage des vaisseaux.

Depuis la date du dernier rapport, les travaux suivants ont été construits, achevés ou réparés, savoir :

Les travaux jusqu'ici connus sous le nom de canal de Jonction, reliant les canaux des Galops et la pointe aux Iroquois, ont été complétés ; le chenal a été creusé à une profondeur suffisante ; il a été construit une vanne de décharge ; des gardes en pierre ont été posées à la rampe extérieure de la nouvelle chaussée pour la garantir des eaux de la rivière, et la rampe intérieure a aussi été mise en état de résister au battement des eaux du canal. Il existe donc maintenant un canal continu depuis la tête des Galops jusqu'au pied des rapides de la pointe aux Iroquois, dont plusieurs steamers à voyageurs ont fait usage dans la dernière partie de la saison, au lieu de remonter le courant. Le bief et les portes d'alimentation dont il est question dans le dernier rapport comme étant nécessaires, sont maintenant en voie de construction ; mais pour rendre le canal parfait, en ce qui regarde la manière de bien régler l'approvisionnement d'eau, tant pour le canal que pour les moulins qui sont à son entrée inférieure, il faudra encore un bief et des portes à l'écluse d'élévation des Galops, à défaut desquels, pour conserver les niveaux intérieurs, il faut faire passer l'eau par les portes d'écluse, et arrêter pour cela la marche du moulin.

Il a été jeté un nouveau pont sur l'écluse de la pointe aux Iroquois, et le quai qui est en bas a été complètement réparé.

La jetée qui est à la tête du canal des rapides Plats a été achevée, et l'effet qu'elle produit en arrêtant le courant de travers qui nuisait à l'entrée des vaisseaux dans l'écluse est des plus satisfaisants, et elle facilite beaucoup leur entrée et leur sortie.

Les ponts et les portes d'écluses ont été mises en parfait état de réparations ; et les portes de réserve sont coulées à fond (pour leur conservation) dans les environs des écluses où il est probable qu'elles seront requises. Les principaux travaux auxquels il faut pourvoir cette année, sont de protéger davantage la rampe intérieure de la chaussée, et quelques réparations à faire aux quais, ce qui entraînera une dépense d'environ £2,100.

CANAL DE CORNWALL.

Ce canal a été ouvert et fermé les mêmes jours que le précédent. La navigation durant la saison n'a été interrompue qu'environ six heures, le 12 de novembre dernier, par suite de la rupture d'une soupape d'une des portes d'écluse.

Comme les travaux de ce canal étaient généralement en bon état à l'ouverture de la saison de 1856, ils n'ont nécessité que peu de dépenses depuis, et elles se sont bornées aux petites réparations ordinaires, telles que le nettoyage des fossés extérieurs, la reconstruction des murs de rampe, et les réparations accidentelles qu'exige ordinairement le mécanisme des portes.

- De nouvelles portes ont été posées là où elles ont paru le plus nécessaires Il y en a actuellement de prêtes, un paire de supérieures et trois paires d'inférieures, destinées à en remplacer d'autres qui doivent être mises de côté au printemps ; de sorte que le canal, à l'ouverture de la navigation, sera pourvu de portes neuves partout, et comme il n'en restera plus qu'une paire en réserve, il en a été commandé trois autres paires.

Le prolongement de la jetée de terre, à l'entrée inférieure, auquel il est fait allusion dans le dernier rapport, a été fait, et sera d'une grande commodité pour le commerce, car les vaisseaux, retenus par le gros temps ou pour d'autres causes, pourront y mouiller en sûreté.

Les principaux ouvrages qui devront être faits cette année, sont :

La reconstruction d'une partie du mur de chambre de l'écluse de garde qui avait été bâtie en bois et qui tombe en décadence.

La reconstruction de la superstructure des piliers aux deux entrées du canal.

Protéger davantage, au moyen de pierre, la chaussée en arrière de l'écluse de garde, contre le fort courant de la rivière qui vient frapper dessus.

Compléter le muraillement de la rampe du côté nord de l'écluse de garde, environ 1600 verges courantes, pour prévenir les empiétements sur la propriété privée.

Bâtir une maison pour le surintendant, et une autre pour le gardien des ponts. Voilà, avec le jointoiement de quelques-unes des jouières et quelques autres petites réparations, tout ce qui est nécessaire à l'entretien convenable des travaux pour cette année.

Vers le milieu de janvier dernier il est survenu dans la rivière, à la décharge du canal, une crue d'eau extraordinaire qui a atteint une hauteur de vingt-quatre pieds et demi au-dessus du niveau des eaux ordinaires d'été, faisant six pouces plus haut que l'eau de la surface du niveau d'où les moulins prennent leur approvisionnement. Elle a apporté dans le canal de grands bancs de glace qui couvraient complètement les écluses Nos. 15 et 16, avec leurs portes, etc., etc. L'on croit que les portes de l'écluse No. 16 n'ont point reçu de mal; à l'exception des garde-fous, etc., qui sont un peu endommagés. Mais les bancs de glace étant encore sur l'écluse No. 15, il n'a pas été possible de constater d'une manière satisfaisante dans quel état s'en trouvent les portes, etc.

CANAL DE BEAUHARNOIS.

La navigation de ce canal a été ouverte le 1er de mai, et fermée le 2 de décembre, en 1856, donnant ainsi une saison d'affaires de sept mois. La circulation fut interrompue le 10 et le 11 de juin, pendant le temps qu'il a fallu pour remplacer, par des neuves, une paire de portes qu'un steamer avait brisées.

De bonne heure en avril dernier, on vida le canal pour en enlever les petits éboulis, les barres, etc., aussi bien que dans la vue de mieux arrêter les buses des écluses dont l'un avait été déplacé l'année précédente. Mais en conséquence de la quantité de glaces qui étaient restées au fond, ces ouvrages n'avaient été faits qu'en partie lorsqu'il devint nécessaire de remplir le canal. L'ouvrage ainsi exécuté, cependant, a grandement facilité le passage des vaisseaux durant l'année, et a permis d'employer une drague pour opérer plus efficacement le curage du canal, sans nuire à la circulation.

Les opérations de cette drague ont été continuées pour le reste de la saison ; mais il faut encore y travailler la plus grande partie de la saison prochaine pour finir le fond du canal d'une manière parfaite.

Durant la sais.n dernière, cinq paires de portes neuves et une paire de réparées ont été substituées à celles qui étaient usées ou qui avaient été détruites par les steamers. Il va falloir, aussitôt que la glace le permettra, avant l'ouverture de la navigation, remplacer trois autres paires de portes pour lesquelles les portes nécessaires sont prêtes; et les portes que l'on est à réparer et à construire formeront trois jeux complets pour faire face à toutes casualités.

La digue dont il est parlé dans le précédent rapport, a été achevée à la tête de ce canal, et elle répond parfaitement aux objets que l'on avait en vue en la construisant. Non seulement elle empêche les eaux d'inonder les terres basses qui sont au sud, mais elle a encore servi à faire utiliser plusieurs mille acres de la seigneurie que l'on avait toujours regardés jusque-là comme de nulle valeur et d'aucun rapport, chose dont il devrait être donné crédit dans l'arbitrage sur les réclamations en indemnité que font les seigneurs

Les principaux travaux d'entretien, etc., qu'il y a à faire cette année, sont de continuer les réparations commencées de deux des ponts, de rejointoyer, peinturer et réparer généralement les maisons des écluses, et de bâtir un hangar pour y mettre les effets, outils, machines, etc., etc., à l'usage du canal.

CANAL LACHINE.

La navigation de ce canal pour l'année 1856, a commencé le 5 mai et s'est fermée le 3 de décembre, et il n'y a pas eu un moment d'interruption dans toute cette période. L'usure des quais parle hautement en faveur de l'augmentation de la circulation, et ils ont besoin de grandes réparations. Ces réparations devront se faire avant de commencer le trafic du printemps. Les soliveaux à plusieurs endroits sont complétement pourris et les bordages usés.

Depuis la date du dernier rapport, il a été bâti environ 160 pieds de quai sur le bassin principal, immédiatement en bas du pont Wellington, du côté sud. Le quai sert principalement au transbordement du fer à chemins de fer et du fer en saumons et autres articles de grand poids. Il a aussi été construit deux cent pieds de quai neuf sur le côté sud du canal, en bas de l'écluse de St. Gabriel, pour l'avantage des grands établissements manufacturiers des environs. Cependant, il faudra encore de toute nécessité, pour faire face aux besoins du commerce, de plus grandes commodités de remisage et de quaiage.

L'on se propose de reprendre immédiatement la partie du front du bassin qui avait été appropriée temporairement aux usages de la compagnie du grand tronc de chemin de fer pour débarquer ses rails, etc., et d'y jeter un quai sur le devant pour des objets généraux. Aussi, de remodeler le bassin qu'a jusqu'ici occupé M. Ostell ; d'y construire un quai spacieux tout autour, et un môle dans le milieu, de 150 pieds de largeur, avec une rangée de remises de chaque côté, pour en faire ainsi quatre lignes de quai d'environ 600 pieds chacune, et une longueur de 1200 pieds de remises, ce qui, par la position du bassin et le nombre d'avenues qui y aboutissent, apportera d'immenses facilités de quaiage de plus.

L'on a aussi dessein de reprendre possession de l'île qui est au dessus de l'écluse de St Gabriel et de l'améliorer de manière à la faire servir de lieu de transbordement du bois manufacturé, article qui, dans les exportations de cette province, occupe un rang très élevé.

Les principaux travaux de réparations qui sont à faire cette année, indépendamment des quais dont on vient de parler, sont :

De réparer la jetée de l'entrée inférieure du canal, que les glaces ont endommagée en décembre dernier.

D'enlever la partie supérieure des piles conductrices dans le bassin de Lachine, et de réparer une partie du parement de la jetée du sud.

Les murs des écluses Nos. 3 et 4, font beaucoup d'eau, et à quelques endroits l'eau a tellement fait tomber le mortier des lits et des joints, qu'on a trouvé plusieurs des pierres de face déplacées. Il sera en conséquence nécessaire de défaire une partie des murs de recoupement aux deux extrémités des écluses, et de les cimenter de nouveau jusqu'au bas du niveau supérieur.

Pour pouvoir effectuer ces réparations et faire le creusage du chenal, il faudra vider le canal vers la fin du mois. Cependant le choix du temps le plus propice pour laisser écouler l'eau, ainsi que le temps que le canal devra rester vide, temps qui n'excédera pas, à ce que l'on croit, trois semaines au plus, devront dépendre du comportement de la température.

Le prolongement des jetées de rivière à Lachine n'a pas été poussé avec beaucoup de vigueur l'été dernier ; mais comme la plus grande partie en est rendue à sa hauteur, et que le reste des caisses est calé, on a lieu de croire que le tout pourra se finir dans le cours de la saison prochaine.

Les vieilles portes d'écluses qui n'ont pas été remplacées vont être enlevées pour faire place à de meilleures, avant l'ouverture de la navigation ; comme après que ces portes seront posées, il n'en restera plus que trois paires en réserve, on a pris des mesures pour s'en procurer deux autres paires sans délai.

Plus l'on va, plus devient urgente la nécessité de faire les travaux qui ont été recommandés dans le dernier rapport de ce département, mais pour lesquels il n'a encore été fait aucune appropriation. Les principaux sont :

" L'élargissement et le creusement du canal dans la percée de roc."

" La construction de déversoirs-régulateurs, aux écluses trois et quatre. Un déversoir régulateur à l'extrémité supérieure du bief qui conduit les eaux aux moulins sur le côté nord du canal, aux écluses de St. Gabriel."

" Un bôme d'une grande longueur avec un nombre suffisant de passages et de piliers d'amarrage, à l'entrée supérieure du canal."

La construction d'une bonne maison pour l'emmagasinage de l'huile et de divers autres articles requis tous les ans pour le service des phares et des canaux de la province, etc. ;" et

" La construction de maisons pour les gardiens d'écluses et de ponts."

Des estimations de ces travaux seront dûment soumises.

Le département est actuellement en traité avec des personnes pour l'érection immédiate des bâtiments, etc., qui sont nécessaires pour l'éclairage convenable du canal, des quais, des écluses et des ponts au moyen du gaz, dont les soussignés ont en tout temps dûment apprécié l'importance ; et ils ont la confiance que bientôt ils seront en état de faire faire cette amélioration à des termes plus avantageux qu'il n'en a été offert jusqu'ici.

RIVIERE RICHELIEU.

La navigation par l'écluse de St. Ours a été ouverte le 18 avril, et fermée le 2 décembre en 1856. Elle n'a été interrompue qu'une fois pendant la saison, quelques heures seulement, pendant qu'on a remplacé un des cables qui suspendent les portes d'écluse.

Les abouts de la dame ont été protégés, le cintre et la partie la plus défectueuse du radier inférieur ont été renforcés ; et toutes les parties des travaux qui en avaient besoin ont subi des réparations.

Durant la dernière saison, pendant que l'eau était basse, on fit un examen soigneux des travaux qui se rattachent à la dame, et l'on a trouvé que le corps principal en était dans un bien meilleur état que l'indiquait en apparence la partie supérieure battue par l'eau.

Voici les principales choses qui appellent l'attention pour cette saison.

Renforcer les jetées en amont et en aval de l'écluse au moyen d'une caisse qui devra être calée tout-à-fait à l'extrémité, pour recevoir le choc des vaisseaux, ou de la glace qui force beaucoup à cet endroit ;

Avoir un autre jeu de portes d'écluses, vu que celles dont on se sert actuellement montrent des symptômes de ruine ;

Terminer les réparations du radier, etc., telles que commencées, et couvrir le côté de la dame en pierre.

CANAL DE CHAMBLY.

Le canal de Chambly a été ouvert le 28e jour d'avril et fermé le 1er de décembre 1856, et durant tout ce temps la navigation n'a pas été interrompue.

Les réparations des murs supérieurs de recoupement des écluses No. 3 et 6, dont on a fait voir la nécessité la plus urgente dans le dernier rapport, ont été faites de bonne heure durant l'année, et par ce moyen le canal a été maintenu en opération pendant la saison ; mais les enclaves inférieures des mêmes écluses, ainsi que les murs en général de l'écluse No. 5, sont dans un si mauvais état qn'il faudrait les démolir et les reconstruire à neuf, aussitôt que le temps le permettra, autrement il ne sera pas possible d'ouvrir la navigation avec sûreté au printemps.

Dans les divers rapports de ce département, depuis 1852 à venir jusqu'à ce jour, on a toujours fait voir que les travaux de ce canal étaient "dans un état ruineux," que les écluses 1, 2, 3, 4 et 5 étaient dans un si mauvais état qu'il fallait "de toute nécessité les reconstruire," et que " pour mettre le canal sur un bon pied, même sur l'échelle insuffisante d'après laquelle il est construit, il faudrait des dépenses considérables," en un mot, que tous les travaux, à l'exception de l'écluse de garde et des écluses combinées (construites sous la direction de ce département,) sont si défectueux et si peu sûrs qu'il serait imprudent de faire de grands déboursés qui ne seraient pas pour les reconstruire entièrement, et que cette reconstruction ne saurait être recommandée tant que la partie importante de la ligne et construction d'un canal pour relier le St Laurent au lac Champlain n'aura pas été décidée par la législature. C'est un sujet sur lequel l'attention de la législature a souvent été appelée par les rapports de ce département et autrement, mais comme il est encore à faire, l'on ne saurait retarder plus longtemps la dépense nécessaire pour réparer le canal de Chambly, sans en arrêter la circulation.

Les grandes crues d'eau qui ont été causées par le dernier dégel ont fait un tort considérable aux levées.

Voici les principaux ouvrages de réparation qui sont indispensables aujourd'hui.

La démolition et la reconstruction des murs inférieurs de recoupement des écluses Nos. 3 et 6, et la reconstruction de l'écluse No. 5, comme il est dit ci-dessus.

Réparer les brèches faites dans les levées, et quelques autres réparations de plus d'importance, le tout devant entraîner une dépense de £2,000 à £3,000.

———

TRAVAUX DE L'OTTAWA.

(Navigation.)

Jusqu'ici les seuls ouvrages achevés relativement à la partie artificielle de la navigation de cette rivière, et dont la construction a été faite par et sous le contrôle de ce département, sont l'écluse et la dame de Ste. Anne. C'est pourquoi le dernier rapport s'est borné à ces ouvrages et à ceux qui étaient en voie de construction pour relier le lac Chaudière au lac des Chats ; mais comme les canaux de l'artillerie ont depuis été cédés à la province, il devient nécessaire de les inclure sous ce titre.

En remontant l Ottawa, les premiers ouvrages que l'on rencontre pour l'amélioration de la navigation, sont ceux de Ste. Anne, qui consistent en l'écluse et la dame dont il est fait mention plus haut.

·ÉCLUSE ET DAME DE STE. ANNE.

Cette partie de la navigation a été ouverte le vingt cinq d'avril et s'est continuée, sans interruption jusqu'au premier de décembre 1856.

Les travaux en rapport avec cette écluse sont généralement en bon ordre ; mais les parties supérieures des jetées conductrices demandent à être renouvelées, et il en faut construire trois nouvelles.

On s'est procuré des portes de réserve et on les a placées dans les environs de l'écluse.

Il faudrait bâtir une maison pour l'éclusier et un bureau pour le percepteur.

La jetée, dont la construction a été rendue nécessaire par la mauvaise direction que les travaux du grand tronc avaient donnée au courant, à l'entrée de l'écluse, et que cette compagnie était convenue de faire à ses frais, est d'un grand avantage pour les vaisseaux qui font leur entrée et leur sortie.

Le creusement et l'élargissement du chenal avancent d'une manière satisfaisante, bien que, vu la nature du roc que l'on trouve très difficile à percer, et que l'ouvrage se fait entièrement sous l'eau, les opérations en soient nécessairement lentes, et qu'elles soient assujetties à de fréquentes interruptions par le passage des vaisseaux durant la saison de la navigation.

Pour éviter ces interruptions autant que possible, le forage et le sautage ont été continués pendant tout l'hiver, et la pierre qui a été détachée de cette manière s'enlèvera aussitôt que la glace sera partie. Par ce moyen on a obtenu un chenal de 50 à 60 pieds de largeur et de pas moins de $5\frac{1}{2}$ pieds de profondeur aux basses eaux ordinaires, tant en amont qu'en aval de l'écluse.

CANAUX DE CARILLON ET DE GRENVILLE.

En remontant plus loin la rivière, les autres travaux qui se présentent ensuite, sont les petits canaux généralement connus sous le nom de canaux de l'artillerie, qui ont été construits par les autorités militaires, pour franchir les rapides de cette partie de la rivière. Avant l'abandon de ces canaux à la province, des personnes engagées dans le commerce de l'Ottawa ont souvent adressé des mémoires à ce département pour représenter combien était nuisible au commerce le manque d'uniformité dans l'échelle sur laquelle les écluses en avaient été construites, et dans quel état de ruine étaient les travaux ; mais ce département ne pouvait agir dans la matière, vu que les travaux n'étaient pas sous son contrôle.

Du moment qu'il fut décidé de faire l'étude générale de l'Ottawa, pour constater jusqu'à quel point il était possible, sans faire des dépenses outrées, d'y ouvrir une communication non interrompue par eau entre Montréal et le lac Huron. M. Walter Shanly, ingénieur civil, à qui la direction générale de l'exploration avait été confiée, reçut de ce bureau les instructions nécessaires, et dans ces instructions son attention fut attirée sur l'état des canaux de l'artillerie.

Son examen général de la ligne entière n'était pas encore terminé, qu'il fût requis de faire rapport d'une manière spéciale sur la condition de ces canaux, et de dire quels travaux il y avait à y faire avant l'ouverture de la navigation, aussi bien que pendant la saison suivante, pour empêcher que la circulation ne fut interrompue. (Voir appendice, lettre C.)

D'après le rapport de M. Shanly sur ces canaux, il paraît qu'ils sont divisés en trois sections, savoir :

La section de *Carillon*, 2 milles et $\frac{9}{100}$ de mille de long, avec 3 écluses.
La section de *Chutes-à-Blondeau*, $\frac{16}{100}$ de mille de long, avec 1 écluse.
La section de *Grenville*, 5 milles et $\frac{3}{4}$ de long, avec 7 écluses.

La coupe transversale de ces canaux est irrégulière, et c'est celle de Grenville qui présente la plus petite,—la largeur de fond, à 5 pieds plus bas que la surface de l'eau, n'étant en général que de quinze pieds.

Les écluses sont de diverses dimensions, mais la capacité utile de l'ensemble peut être considérée comme restreinte, par écluse No. 11, à 19 pieds 3½ pouces en largeur, et par écluse No. 9, à 106 pieds 8 pouces en longueur. Ces dimensions limiteraient celles des vaisseaux à environ 18 pieds 6 pouces de bau, et 95 pieds de longueur au plus. Le maximum du tirant d'eau est donné de 5 pieds, mais dans la saison des eaux basses les bateaux ne sauraient tirer autant.

Les écluses ont toutes plus ou moins besoin de réparations ; mais les numéros 1 et 5 de la section de Carillon sont dans un véritable état de ruine ; les murs de l'écluse No. 1 penchent, et ceux de l'écluse No 2 sont assez mauvais pour laisser couler l'eau à travers. Il n'y a pas un mur d'écluse qui soit étanche, et il y a si longtemps qu'il en est ainsi, que presque tout le ciment ou le mortier de la maçonnerie a été emporté par l'eau, et qu'il passe un courant d'eau en arrière de toutes les chambres.

Il existe encore des obstacles d'une autre nature, savoir :

A la tête du canal de Grenville, par un dépôt de gravier et de petits cailloux.

Au pied du même, une chaîne de roches, qui n'a jamais été enlevée comme il faut, barre l'entrée.

Au pied du canal de la Chute à-Blondeau, il est un autre obstacle occasionné par les pierres du mur de protection qui a été démoli par les glaces du chenal, et à la tête du canal de Carillon sont les restes d'une vieille dame en terre glaise. Ce dernier canal monte de l'Ottawa, et il reçoit son eau de la rivière du Nord par le sommet, au moyen d'un canal d'alimentation à la tête duquel cette rivière est barrée par des dames. Ces dames principalement faites en pierres détachées qu'on y a jetées et qui sont exposées à se faire emporter par le courant, ont à être renouvelées tous les printemps, et en conséquence de leur insuffisance, la navigation est considérablement gênée à chaque saison.

M. Shanly estime à £6,655 la dépense qu'il faudrait faire pour mettre ces travaux dans un état à pouvoir servir pendant les cinq années qui vont suivre.

Il a été donné des instructions pour faire faire, avant l'ouverture de la navigation, les menues réparations les plus nécessaires pour remédier aux maux dont on se plaint ; mais il est manifeste qu'il ne serait pas sage d'encourir de grandes dépenses sur ces canaux, dans leur état actuel, car il faut faire correspondre les dimensions des écluses avec celles de l'écluse de Ste. Anne, ou leur donner telles autres dimensions auxquelles on pourra finalement s'arrêter comme étant plus propres à la navigation générale de l'Ottawa ; c'est dans ce but qu'a été entreprise l'importante étude à laquelle M. Shanly est actuellement employé.

En remontant plus loin la rivière, les travaux d'importance qu'il y aura ensuite à faire pour en améliorer la navigation, sont ceux qui sont indispensables pour franchir les chutes de la Chaudière et les rapides qui viennent immédiatement au-dessus, pour lesquels ce département, il y a environ deux ans, a fait faire une étude et une estimation sur le principe que les écluses seraient de mêmes dimensions que celle de Ste. Anne ; mais sous les circonstances actuelles, et jusqu'à ce que le résultat de l'exploration de M. Shanly de la ligne entière, jusqu'au lac Huron, soit connu, et qu'il soit constaté par ce moyen jusqu'à quel point il se présente des facilités naturelles pour ouvrir une telle communication, et quelles en seront les dimensions les plus convenables, il ne saurait être d'aucune utilité pratique de faire aucunes remarques de plus sur ces travaux.

CANAL DES CHATS.

Les progrès rapides et les améliorations qui se font dans la colonisation et les établissements de l'immense étendue de pays qui borde l'Ottawa des deux côtés, en haut de la cité d'Ottawa, et l'impulsion qu'en reçoit naturellement le commerce des lacs Chaudière et des Chats, ayant nécessité quelques travaux pour obvier aux difficultés de la navigation entre ces deux lacs, la construction du canal des Chats fut entreprise, mais sur la même échelle que celui de Ste. Anne, qui était dans le temps celle qu'on se proposait d'adopter aussi pour les canaux de Carillon, Grenville et Chaudière.

Toutes les difficultés sérieuses qu'on avait rencontrées dans l'exécution des travaux, et dont le rapport de l'année dernière fait mention, ont continué de se présenter d'une manière plus redoutable encore, et sur une échelle plus considérable qu'on ne s'y attendait.　Les prix auxquels l'ouvrage avait été entrepris se sont trouvés tout-à-fait trop bas.　Les montants des états mensuels, bâsés sur ces prix, et la quantité d'ouvrage fait, dans bien des cas, n'ont pas été du quart de la dépense réelle.　Pour se former une idée de la difficulté à déblayer le roc, dont consiste la plus grande partie des excavations, il suffit de dire que dans bien des endroits, on a usé de quinze à vingt forets d'acier bien trempés, et qu'on a été obligé de les affiler de nouveau, sans pouvoir faire un trou de plus d'un pouce de profondeur.

Les puits d'écluses, durant la saison, ont été examinés plus particulièrement sur la profondeur qu'ils doivent avoir ; une grande partie du prisme du canal a été formée, et une quantité considérable de pierre pour les écluses a été extraite, taillée et préparée.

Après avoir lutté le plus opiniâtrement contre les difficultés de l'ouvrage, et avoir dépensé une grande partie de leurs moyens privés, et épuisé les ressources de leur crédit, les entrepreneurs se sont vus dans la nécessité de représenter qu'il leur était impossible de pousser les travaux plus loin, si on ne leur faisait une avance pour les mettre en état de payer leurs hommes avec lesquels ils se trouvaient arriérés, et si on n'augmentait pas leur prix.

L'affaire fut soumise au gouvernement, et après avoir tout bien considéré, il en est venu à la détermination, comme meilleur moyen de modifier le contrat, de faire mesurer et estimer les diverses classes des travaux à des prix raisonnablement remunératifs, par l'ingénieur du département, et de payer les entrepreneurs conformément à cette estimation.　En adoptant ce moyen, on a suspendu les ouvrages de maçonnerie pour éviter tous changements et toutes dépenses additionnelles, plus tard, dans le cas qu'on adopterait définitivement de plus grandes dimensions pour les écluses, si les résultats de l'étude générale le rendent expédient ; toutes les autres parties des travaux sont adaptées aux deux échelles.

Il doit se faire sur cette base un arrangement avec les entrepreneurs, aussitôt que l'ingénieur sera en état de fournir les estimations nécessaires.

TRAVAUX DE L'OTTAWA.

En rapport avec le commerce de bois.

Les différentes glissoires, dames, bômes, etc., construits le long de cette rivière et de ses tributaires pour faciliter le commerce de bois ont été maintenus durant la saison dans un bon état de réparation, et comparativement à peu de frais si l'on tient compte de leur étendue, des difficultés de leur position, des inondations, etc., auxquelles ils sont exposés.

La dépense a été principalement restreinte aux réparations ordinaires, telles que celles du renouvellement des parties des ouvrages que le bois ou la glace endommagent en passant. Il a aussi été fait et commencé des améliorations considérables, dans la vue de donner une plus grande force aux travaux et plus de facilités pour la descente du bois.

L'on a ajouté un bôme et fait quelques changements mineurs aux glissoires de la Montagne, sur l'Ottawa, et l'on est à substituer des ouvrages de charpente solide aux tréteaux peu sûrs sous la glissoire des Grandes Chutes sur la rivière Madawaska. L'on est aussi en voie d'améliorer les dames et les chenaux de cette rivière, et ces travaux se font avec tant d'activité qu'il n'y a pas à douter qu'on puisse commencer à s'en servir pleinement à l'ouverture du trafic du printemps.

Le peinturage et les réparations du pont suspendu de l'Union, sur l'Ottawa, aux chutes de la Chaudière, dont il est parlé dans le dernier rapport, ont reçu l'attention qui leur était dûe.

M. Merrill, sous l'habile direction et surintendance duquel ces travaux ont été directement construits et entretenus, fait rapport que les divers travaux de la rivière Ottawa et de ses tributaires n'auront jamais été dans un meilleur état qu'à l'ouverture du printemps, et que les frais de les entretenir dans cet état, pour toute l'année, n'excéderont probablement pas £400.

Il insiste de la manière la plus forte sur la nécessité de faire de nouvelles améliorations, dont quelques-unes des principales sont : la construction d'une glissoire sur la rive nord de la Petite Chaudière ; un fort bôme d'arrêt près de l'embouchure de la rivière Noire ; un bôme et des piliers aux rapides des Remous ; trois caisses dans les rapides des Chats pour y attacher les trains de bois, vu que les ancres n'y tiennent pas ; les diverses améliorations de la rivière Petawawa (mentionnées dans le dernier rapport,) et les dames en aile et autres ouvrages si nécessaires pour aider à la descente du bois en retard sur le Bas-Ottawa, aux rapides du Long Sault et de Carillon, dans les rapides des Eeores et des Prairies, et sur la Petite Rivière, en arrière de l'île de Montréal. Presque toutes les personnes grandement engagées dans le commerce de bois ont demandé ces travaux à diverses reprises. Elles consentent volontiers à ce que des péages raisonnables leur soient imposés ; et il n'y a pas de doute que les revenus des travaux ne remboursent sous peu de temps la dépense, comme ç'a été le cas pour tous les autres travaux de la rivière Ottawa et de ses tributaires. Le coût de ces améliorations formera un item dans les estimés généraux qui seront bientôt soumis à la décision de la législature.

A part ce qui précède, la construction d'une dame en aile en amont du pont suspendu, pour maintenir une hauteur d'eau uniforme dans les pouvoirs hydrauliques, est le seul ouvrage d'importance représenté comme nécessaire, qui appelle une attention spéciale.

GATINEAU.

Les bômes et les travaux à l'embouchure de cette rivière sont dans un état parfait et sûr. Comme il fallait un petit pilier pour y attacher les trains de billots avant l'ouverture de la saison, ordre a été donné au surintendant de le faire et de le caler.

LE CANAL RIDEAU.

Comme il n'y a que quelques jours qu'intimation a été donnée aux soussignés que les travaux d'entretien et de réparation de ce canal étaient placés sous le contrôle de ce département, ils n'ont pas encore eu l'occasion de le faire inspecter comme il faut pour constater dans quel état de réparation il se trouve. De fait, indépendamment du manque de temps pour le faire, la saison de l'année et la quantité de neige en auraient rendu tout relevé détaillé et satisfaisant impossible.

Ci-suit un sommaire des renseignements puisés dans le rapport du Col. Coffin, agent des terres de l'artillerie.

L'administration des canaux de Rideau et d'Ottawa se divise en deux branches, savoir :

Le département du garde-magasin, qui se compose de—

" P. Monsell, garde-magasin.............	£456 16 11	sterling.
" J. McDonald, premier commis..........	243 19 9	"
" J. Duff, second do............	203 19 9	"
" T. Forester, percepteur................	85 3 4	"
" J. Callaghan, gardien du bureau........	45 12 6	"

Département du génie.

" C. A. Harvey, commis des travaux......	£311 4 4	sterling.
" C. Cooke, messager....................	60 9 10	"

" Le montant total des salaires des officiers de ces deux départements est de " £1407 7s. sterling, égal à environ £1710 13s. 8d. courant."

Sous le titre de département du génie, cependant, le Col. Coffin n'a pas compris la paie et l'allocation de l'officier ingénieur royal, sous le contrôle et la direction duquel ces travaux ont été jusqu'ici, et qui a ainsi rempli la charge d'ingénieur des travaux.

En outre des départements dont le détail est donné ci-dessus, il y a,—" Le service du canal," composé de trente éclusiers, quinze journaliers permanents, et cinquante-sept journaliers temporaires, ou employés durant la saison de la navigation seulement.

L'ensemble des dépenses annuelles des canaux de Rideau et d'Ottawa est donné par le Col. Coffin, comme suit :

Personnel du bureau.....................	£1710 13 8
Service du canal	4814 0 6
Réparations...........................	3890 0 0
Dépenses, combustible, etc................	150 0 0
	£10564 14 2

Le revenu des canaux pour les trois dernières années, a été en moyenne, comme suit :

Canal Rideau	£1636 9 3
Canal de l'Ottawa	856 5 8
Quaiage, etc	150 0 0
	£2559 1 1

On peut donc dire que l'excédant des dépenses, y compris le salaire de l'ingénieur qui a été omis sur le revenu, est d'environ £8,500. L'on craint qu'il ne faille une somme considérable pour mettre les travaux dans un bon état d'opération ; d'un autre côté, l'on croit que les frais d'administration peuvent être réduits, et une fois les ouvrages bien réparés l'entretien en sera moins dispendieux.

Les états qui précèdent s'accordent très approximativement avec les résultats obtenus par l'assistant commissaire des travaux publics, lors d'un examen du canal Rideau dont il a fait rapport il y a environ trois ans.

Le colonel Coffin, dans son rapport, fait plusieurs suggestions pour l'administration future de ces canaux, que les soussignés auront l'honneur de soumettre à l'attention de votre excellence en conseil.

Falots et phares de rivière.

Les différents phares et autres travaux ordinairement compris sous ce titre ont été maintenus dans un bon état durant la saison passée. Les réparations qu'on leur a faites ont été d'un caractère plus général que celles des années précédentes, et en conséquence l'ensemble de la dépense a été plus grand.

La nature de ces réparations a été de la description ordinaire, à l'exception de celles que l'on a faites au phare de la Grosse Pointe, lac St. François, et à celui de l'île Pelée, lac Erié. Il a fallu renouveler généralement toute la superstructure du premier, tandis que le second a nécessité des frais considérables pour réparer les dommages que lui avait faits la tempête du mois d'octobre dernier, sur le lac Erié, durant laquelle les eaux empiétèrent tellement sur l'isle qu'elles ont ruiné les fondations de la bàtisse et mis son existence en danger.

Le phare de Coleman's Creek, entre Kingston et Prescott, et celui de Scotch Bonnet, sur le lac Ontario, qui étaient tous deux en voie de construction à la date du dernier rapport, ont été achevés depuis et mis en usage.

L'on a le dessein de transporter le phare en charpente de "Fiddler's Elbow" à "Hemlock Point," sur l'île aux Loups, à mi-distance environ entre Gananoque et Kingston ; c'est la recommandation des capitaines de steamers en général.

A la dernière session il a été fait une appropriation par la législature pour l'érection d'un phare à l'entrée de la haie de Kingston, pour aider aux marins à éviter le dangereux récif appelé Batture de l'île aux Serpents. On a différé le commencement de cet ouvrage jusqu'à ce qu'on eût obtenu les renseignements les plus justes sur le meilleur site à donner au phare ; et d'après la représentation de plusieurs navigateurs intelligent-, aussi bien que des principaux propriétaires des steamers et autres embarcations qui vont et viennent à Kingston, il a été décidé de le mettre sur la pointe sud-est de la batture, à l'endroit communément appelé *Wreck Bar*. Le contrat est donné et la construction du phare doit se commencer de suite.

Les phares flottants du lac St. Louis et du lac St. François, à force de soins et d'attention ont été maintenus en état de service durant la saison dernière ; mais ils sont tellement en décadence aujourd'hui, que pour qu'ils puissent servir cette année, il faut leur faire subir des réparations considérables, et à la fin de la saison ils seront tout à fait hors de service.

On pourrait substituer à ces phares, soit des lumières fixes sur piliers massifs, ou des phares flottants sur des vaisseaux neufs ; mais comme la construction des piliers, etc., coûterait environ trois fois le montant de ce qui suffirait pour se procurer des vaisseaux en fer de première classe, il est, comme de raison, plus à propos d'avoir recours à ces derniers.

Les travaux du pilier du phare à l'extrémité du récif de la Pointe Pelée ont été entourés de difficultés depuis le commencement, ainsi qu'il avait été anticipé ; mais la violence continue et plus qu'ordinaire des vents et des eaux, sur le lac Erié, depuis le milieu d'août jusqu'à l'année 1856, a retardé les progrès de ces travaux beaucoup plus qu'on n'avait calculé, malgré tous les efforts possibles de M. Scott, l'ingénieur spécialement chargé de conduire l'ouvrage, et des hommes sous sa direction. L'importance de l'établissement de ce phare devient de plus en plus apparente par les naufrages qui ont lieu tous les ans sur ce banc dangereux.

Il a été trouvé nécessaire de faire dans le premier projet du mode de construction quelque déviation qui consiste principalement dans l'adoption d'un grand caisson pour les fondations du phare.

D'après la longue expérience de M. Scott dans ces sortes d'ouvrages, les soussignés n'entretiennent aucun doute que ceux-ci seront conduits à une heureuse fin de bonne heure avant la saison

Après avoir énuméré les milles difficultés qu'il a eu à combattre durant la saison, M. Scott ajoute ce qui suit à son rapport.

" Indépendamment de tous ces décomptes, les travaux ont progressé avec " activité pour le temps qu'on a travaillé et le nombre d'hommes qu'on y a em- " ployés ; et la manière dont l'ouvrage est rassemblé est une garantie qu'il sera " une des meilleures pièces de grosse charpente qui ait jamais été faite sur ce " continent.

" En revoyant l'ensemble de l'ouvrage, après une expérience de quatre à " cinq mois, avec le caractère du lac durant une saison des plus orageuses, je " suis des plus pleinement convaincus que la construction que l'on fait est la " mieux adaptée aux fins auxquelles elle est destinée, et je n'ai pas le moindre " doute que mes travaux seront couronnés du plus grand succès."

PHARES DU LAC HURON.

Voici dans quel état se trouvent actuellement ces phares :

Isle des Chrétiens.—La maison du gardien est completée, et la tour est prête à recevoir la laterne, etc. La laterne et l'appareil d'éclairage ont été reçus de France, et sont maintenant dans cette cité. Ils seront expédiés et mis en place immédiatement après l'ouverture de la navigation.

Isle de Nottawasaga.—La maison du gardien et la tour du phare sont érigées ; elles sont aussi avancées que celles de l'Isle des Chrétiens. La lanterne et les appareils d'éclairage sont aussi rendus ici, et ils seront expédiés et posés aussitôt que le temps le permettra.

Isle de Griffith.—Les fondations sont préparées, et la pierre est toute extraite et taillée. Si l'on fait les diligences convenables, la maison et la tour seront achevées vers le premier d'août prochain, époque à laquelle on s'attend que la lanterne et les appareils d'éclairage seront rendus, de sorte que la lumière pourra se montrer en automne.

Isle des Anses.—La maison et la tour sont prêtes à recevoir la lanterne, etc., aussitôt qu'elle sera arrivée. La lumière qui est pour être donnée en cet endroit doit être saillante et d'un grand éclat. Durant la saison passée on y a entretenu une lumière sur une construction temporaire, comme indispensable pour la sûreté des steamers qui entraient dans la baie Georgienne par ce chenal.

Isle Chantrey, à la hauteur du havre de Saugeen.—Les matériaux de la maison sont prêts. La tour est montée jusqu'à dix pieds de sa hauteur entière, et les matériaux pour la compléter sont rendus sur les lieux. Le tout sera prêt pour la pose de la lanterne et des appareils à leur arrivée.

Pointe Clarke ou *Pointe aux Pins.*—La pierre de taille pour la maison et la tour est prête, et les autres préparatifs sont assez avancés pour assurer l'achève- ment des constructions durant la saison.

Les autres travaux de cette nature qui sont sous contrat sont comme suit :—

Une maison avec tour au détroit de Mississagua ; une sur l'isle St. Joseph ; une sur l'isle Clapperton, et une sur l'isle Badgley. Si l'on ajoute à cela un autre phare sur les isles aux Canards, à-peu-près à mi-chemin sur le lac Huron, et situées directement sur le passage des vaisseaux qui font voile pour la baie Georgienne, il n'y aura plus lieu à se plaindre du manque de lumières sur les côtes canadiennes du lac Huron.

Jusqu'ici l'exécution de ces travaux a rencontré beaucoup d'obstacles et de pertes. Dans quelques cas, il faut aller chercher la pierre de taille et le sable à des distances qui varient de 40 à 150 milles. Le ciment entraîne aussi un charroyage de 300 milles à chaque endroit. Pendant l'exécution des travaux il s'est perdu deux steamers, une goëlette et deux chalands, et il s'en est suivi une grande perte de bois de construction, etc. Pour finir ce qui reste des travaux, d'une manière satisfaisante et avec la diligence voulue, il faudra faire de grandes dépenses pour acheter des steamers, des chalands, etc., etc.

Les travaux du brise-lame, à l'isle Chantrev, en rapport avec le phare en cet endroit, sont terminés ; ils ont résisté aux fortes tempêtes auxquelles ils ont été exposés l'automne dernière, sans avoir souffert aucun dommage, et l'abri et les autres avantages qui en sont déjà résultés, quoique sur une échelle très limitée, établissent en somme le fait indubitable que si l'on ajoutait une autre longueur de 1,000 à 1,500 pieds de brisse-lame, l'on obtiendrait un asile des plus précieux et des plus commodes vers lequel les bâtiments engagés dans le commerce de cette côte, autrement si exposée, pourraient se dériger dans les gros' temps. L'on pourrait commencer par entreprendre 500 pieds de ce prolongement, et si les avantages en devenaient manifestes, l'on pourrait décider de l'étendre davantage. A Inverhuron, il a été jeté 300 pieds de quaï qui s'étendent au large à une hauteur d'eau d'environ quatorze pieds. En conséquence de la nature du fond, les caissons se sont affaissés considérablement et continuent encore à s'enfoncer ; c'est pourquoi l'on a cru qu'il était désirable de ne pas les monter à leur hauteur entière avant que les glaces aient-disparu du lac, et qu'ils n'aient enduré quelques tempêtes de plus.

A Kincardine, ou Penetangore, deux grands caissons ont été calés pour former le centre d'un brise-lame principal, destiné à protéger les travaux des jetées que l'on doit prolonger de ce brise-lame pour procurer un abri aux vaisseaux qui viendront s'y réfugier. Un des caissons était bien rempli, mais non l'autre, lorsqu'en septembre dernier l'endroit fut visité par une tempête très forte qui les brisa et les jeta sur la côte. Après cet accident, les principaux (y compris le *Reeve* et la municipalité) intéressés dans la création dans cet endroit d'un port pour les vaisseaux, ont demandé avec instance de dépenser l'appropriation à l'exécution de jetées, en les partant du rivage, et à l'ouverture d'un chenal à travers la barre, pour faire directement entre les jetées une entrée du lac au bassin intérieur ou dans la rivière. Il a été fait un arrangement à cet effet avec l'entrepreneur, conformément à ce désir. Il est à craindre que l'entrée ne soit sujette par temps à des obstacles causés par la vase ; mais on peut y obvier jusqu'à un certain point en prolongeant plus tard les jetées jusqu'à une plus grande hauteur d'eau. Dans tous les cas, cependant, l'on croit qu'il faudra avoir recours au draguage.

La dépense de la petite somme appropriée à la construction d'une jetée à Meaford a été confiée à la municipalité qui y a ajouté une autre somme assez considérable qu'elle a prélevée sur les contribuables par cotisation. L'ouvrage a été exécuté aussi complètement que le projet l'exigeait, et l'on dit qu'il est suffisamment solide.

PONT DU DÉTROIT.

Il y a quelques années la province a fait bâtir un pont sur le " détroit" du lac Simcoe, et l'on y fit une arche mobile pour laisser passer les vaisseaux qui navi.

guaient alors sur le lac. Le commerce ayant pris bien plus d'extension depuis que les campagnes environnantes se sont établies, et les steamboats dont on y fait usage maintenant étant d'une telle grandeur que leur passage dans l'arche mobile est devenu très difficile, impossible même, sans se heurter constamment avec force contre les piliers,—cette portion du pont, partie en conséquence de ces collisions, et partie en conséquence de la détérioration des matériaux, s'est trouvée dans un tel état de ruine qu'il devient nécessaire d'entreprendre la reconstruction complète d'une des culées, le remodelage de l'autre, et les réparations générales du pont ainsi que l'amélioration du chenal qui y conduit.

Le chenal sera terminé vers le premier du mois prochain ; le bois et les autres matériaux du nouveau pont tournant et de ses piliers et culées sont sur le point de se rendre sur les lieux, et l'on espère que le tout pourra s'achever vers le premier de juillet, et qu'il ne sera occasionné aucune interruption dans la navigation durant l'exécution des travaux.

TRAVAUX DE LA RIVIÈRE TRENT.

Vers la clôture de la saison, l'assistant ingénieur du département a été envoyé pour examiner les travaux de Buckhorn et de Bobcaygean, avec instruction de faire rapport. Le commencement de ces travaux, leur caractère et les objets pour lesquels ils ont été entrepris, sont mentionnés dans le dernier rapport à la législature, qui explique aussi les difficultés plus qu'ordinaires que l'on a eues à combattre pour éloigner l'eau des travaux et poser les fondations. Ces difficultés ont continué, et il a fallu faire la maçonnerie avec du ciment et tenir les pompes en activité tout le temps. Il a été dit dans le rapport en question que les travaux et la préparation des matériaux étaient alors assez avancés pour que l'entrepreneur pût se croire en état de compléter l'écluse, ainsi que toutes les dames, les biefs, etc., s'y rattachant, sous deux mois après que le temps permettrait de commencer la maçonnerie. Avant que ceci put se faire, une députation composée de plusieurs messieurs, soit résidents ou intéressés dans la localité, s'est rendue auprès des soussignés pour représenter que si l'on faisait baisser l'eau du lac pour construire la partie inférieure de l'écluse, avant la fin des chaleurs et des sécheresses, ils craignaient que les miasmes qui s'exhaleraient de la grande quantité de matières végétales en décomposition qui seraient nécessairement laissées à découvert, ne produisissent des effets très dangereux sur la santé des habitants. Il leur a été répondu que la suspension des travaux augmenterait gravement la dépense de l'écluse, que ce serait en empêcher l'achèvement cette année, et qu'elle serait suivie de réclamations bien fondées en indemnité de la part de l'entrepreneur. Mais voyant combien les membres de la députation étaient alarmés pour la santé des habitants, les soussignés se laissèrent induire à donner instruction à l'officier en charge des travaux, qu'il ne fallait pas laisser écouler les eaux avant le 10 d'août. Ce qui avait été prévu est arrivé, l'entrepreneur fit de grandes pertes et il fut impossible d'achever l'ouvrage cette année-là.

Le rapport de l'ingénieur sur l'état et le caractère des travaux est très satisfaisant. Il dit que les murs des chambres et de recoupement, tous fait avec du ciment, sont montés à la hauteur du bas niveau du bief supérieur ; que le radier et les buscs sont tous à leurs places. Toute la pierre de taille pour le reste des ouvrages est extraite et préparée, et rendue sur la chaussée, prête à poser. Les pierres d'ancrage, le larmier et les chardonnets, sont tous prêts. Les ailes supérieures sont laissées incomplètes pour poser la clef des biefs. Les piliers du pont sont construits en bonne maçonnerie de libage, et le pont tournant est achevé et posé,—n'exigeant plus que d'être peinturé.

Le canal, sur les 400 ou 500 pieds qui se trouvent dans le roc fendu est bordé en madriers et en planches, bien joint et bien cloué, monté jusqu'au haut de la chaussée, et protégé par des colliers en chêne. Le fond du canal est bousillé, étanché et doublement planchéié. Quant à l'autre partie du canal, la chaussée naturelle a été rehaussée, et les parois et le fonds bien bousillés. La dame de l'entrée supérieure a été rendue étanche et imperméable,—les portes d'écluse sont à se faire.

Le gravier et le remplissage, en front de la principale dame qui est en travers de la rivière, ont été enlevés pour réparer le glacis pendant les basses eaux d'été, après quoi le remplissage sera replacé.

La descente du bois carré est généralement finie vers le vingt de mai, et la descente des billots, qui prend environ deux semaines, ne se faisant qu'après, on ne pourra commencer à lâcher l'eau avant la première semaine de juin, et la maçonnerie avant le quinze du même mois. Dans ce cas, les travaux pourront se terminer de bonne heure en août, mais s'il n'est pas laissé à l'entrepreneur de contrôler ainsi l'eau, il sera impossible de les compléter avant le mois de novembre, et ce sera encore de nouveaux frais considérables.

La suspension des travaux pour une si grande partie de l'année dernière a de plus nécessairement fait arrêter les moulins de M. Boyd, à Bobcaygean. Déjà, les dames qu'on avait élevées pour retenir l'eau, durant l'excavation du puits de l'écluse, en avaient gêné les opérations les deux années précédentes, et il avait fallu prendre arrangement avec M. Boyd ; il faudra encore une fois s'arranger avec lui pour lui faire suspendre ses affaires pour une partie de la prochaine saison. Mais le bon esprit que ce monsieur a toujours montré jusqu'ici, fait espérer qu'il sera encore facile de s'arranger avec lui.

Les réparations de la dame de Buckhorn ont été faites au complet. Les canaux de décharge de chaque côté de la rivière et les réparations de la glissoire seront terminés, ainsi que les réparations de la partie du pont qui avaient été données à l'entreprise. Mais le reste du pont, près de 500 pieds en longueur, se trouve aujourd'hui, par suite de la détérioration des matériaux, dans un état très dangereux ; le fait est que l'hiver dernier, il a été tenu passable qu'au moyen d'étançons.

Ce pont est construit sur la dame, à laquelle il tient par sa charpente, et l'on pourrait dire qu'il en fait partie. Sans compter qu'il est le seul moyen de communication par terre, sur un espace de 16 milles, entre les nouveaux townships qui s'établissent au nord et les établissements du sud de la rivière, il est indispensable au commerce de bois et comme moyen de communication avec les piliers et les glissoires. Il est donc de toute nécessité de l'y maintenir, et la somme nécessaire pour le réparer sera incluse dans les estimés qui seront soumis à la législature.

Le draguage et l'ouverture des nouveaux chenaux que l'on avait fait entreprendre pour éviter tous les détours dangereux de la rivière Scugog, ont été effectués d'une manière satisfaisante. Les seules ouvrages qu'il reste à faire aujourd'hui pour compléter cette partie de la navigation, sont : la construction d'une nouvelle et plus grande écluse à Lindsay, et le creusement d'environ deux tiers de mille, dans le roc, à partir de son extremité inférieure ; aussi, l'amélioration du chenal à plusieurs endroits entre l'écluse et le lac Scugog, et la construction de deux ou trois débarcadères ; tous ces travaux sont regardés comme indispensables. La vielle écluse actuelle en bois n'est pas même propre à faire le service de cette saison, et il est grandement à désirer que les améliorations de la rivière fussent autorisées de suite, tandis que la drague et les machines à pomper l'eau sont encore sur les lieux,—car autrement les frais en seront considérablement augmentés.

TRAVAUX DE LA RIVIÈRE ST. MAURICE.

Les frais d'entretien et les dépenses qui se rattachent aux travaux des glissoires et des bômes de cette rivière ont été considérablement moindres pour la saison passée qu'ils n'avaient été l'année précédente,—ce qui doit être par dessus tout attribué aux améliorations effectuées durant l'hiver de 1855–56, et aux eaux comparativement basses lors de la débâcle du printemps.

Comme tout l'ouvrage a été fait comme il faut et solidement dans le principe, et que les plans des travaux d'art ont été changés et modifiés de temps à autres, suivant que l'expérience a pu le dicter, l'on peut en toute raison compter qu'il pourront continuer de s'entretenir en bon ordre sans qu'il en coûte beaucoup annuellement.

Les principaux travaux qui ont été entrepris durant la dernière saison, sont :

Le remplissage en pierre du corps principal de la grande dame de la Tuque, et la construction d'un nouveau pillier de support.

Le creusement du chenal des rapides de Manigance a été donné à l'entreprise, et l'ouvrage a été poussé autant que les circonstances ont pu le permettre : tant que le gonflement soudain de la rivière ne fut venu faire suspendre les opérations jusqu'au temps des bonnes eaux de la saison prochaine. Le coût de cet ouvrage avait été d'abord estimé à £300, mais l'ingénieur dit qu'il faudra encore £250 pour miner certaines grosses roches qui obstruent le chenal.

A Shawenigan, plusieurs des travaux dont il est parlé dans le dernier rapport et pour lesquels il a été fait une appropriation, ont été terminnés, et le reste est en voie de se faire ; mais ici encore, la somme appropriée ne suffira pas, et il faudra pour couvrir les dépenses à encourir quelque chose comme £250 de plus.

A la chûte des Grès, la glissoire pour les *cribs* et les autres ouvrages qui s'y rattachent ont été donnés par contrat.

A l'embouchure de la rivière St. Maurice, il a été jeté un pilier en amont du pont, dans le chenal de l'est ; des poteaux d'attache pour les bômes ont été plantés, et les chaînes nécessaires procurées

Les soussignés, n'étant pas satisfaits de la manière dont s'est faite jusqu'ici la plus grande partie de la dépense de ces travaux, par des ouvriers à tant par jour, ont insisté que tout l'ouvrage soit à l'avenir affermé et exécuté par contrat.

Il a été dernièrement perdu beaucoup de temps dans l'exécution des travaux de la glissoire des Grès, en conséquence de l'inadmissibilité de plusieurs des cautions de l'entrepreneur. Cette difficulté vient d'être levée ces jours derniers.

Voici ce que dit M. Dawson, l'ingénieur, des travaux du St. Maurice, sur les avantages qui résultent de leur construction, en outre de l'aide qu'ils donnent au développement du commerce de bois dans cette partie de la province.

"J'attirerai respectueusement votre attention sur la rapidité extraordinaire " avec laquelle se fait la colonisation dans la partie du pays le plus immédiate- " ment en rapport avec les travaux. Depuis les établissements en arrière de " Berthier jusqu'à ceux en arrière de Ste. Anne de la Pérade, il se fait un grand " mouvement vers le territoire du St. Maurice. Les lots se prennent presque " aussi vite qu'ils sont arpentés, et il est consolant de voir que les colons sont " généralement d'avis que plus ils pénètrent dans l'intérieur plus ils trouvent la " qualité du sol bonne. Les principaux de ces nouveaux établissements sont

« ceux qui s'étendent en arrière de St. Barnabé et de Shawanigan du côté ouest du
« St. Maurice, et du lac Cossette et de la rivière des Envies du coté de l'est. Ce
« mouvement de la part des colons est dû à la grande demande de produits agri-
« coles à laquelle donne lieu le commerce de bois de l'intérieur, il va sans dire
« que le tout est dû aux travaux qui ont ouvert la rivière St. Maurice à l'entre-
‘ prise des commerçants de bois.''

M. Dawson ajoute qu'il est informé par l'agent des terres de la couronne
que cette année le revenu provenant des droits sur le bois, des rentes foncières,
etc., va être d'environ £10,000. Il recommande aussi de nouveaux travaux dont
il estime le coût à £3,793, devenus nécessaires pour l'achèvement complet de
ceux qui sont déjà construits et pour en assurer la durabilité. (Voir le rapport
de M. Dawson, Appendice D.)

LE HAVRE DE PORT STANLEY.

Les travaux qui se rattachent à ce havre et dont il est fait mention dans le
dernier rapport ont été continués, mais sans vigueur et souvent d'une manière
très peu satisfaisante. Les caissons qui forment la base du quai de protection sur le
côté ouest du havre intérieur ayant été laissés par l'entrepreneur, à la fin de la
saison, dans un état imparfait, n'étant que partiellement remplis, et pas suffisamment appuyés en arrière, le résultat en fut que 350 pieds linéaires des travaux
ont été repoussés de leur place, une partie renversée, et le reste si dérangé qu'il
devint nécessaire de soulever et recaler toute cette longueur.

Tout ceci était dû à l'état négligé dans lequel on avait laissé ces travaux,
lesquels n'ayant pas été remplis de pierres et appuyés suffisamment ne purent
résister au choc de la glace poussée par l'inondation survenue en février dernier.

La construction et le creusement du havre intérieur furent poussés avec
beaucoup plus d'énergie durant l'an dernier qu'en toute autre période antérieure.
Le détritus annuellement apporté par le ruisseau et déposé dans le chenal et le
bassin donna lieu à beaucoup de délai et à un draguage additionnel ; surtout
dans le printemps de 1856, lorsque la glace flottait au-dessus du pont, l'eau perça
en partie un nouveau chenal dans la direction ouest, emportant avec elle pas
moins de 15,000 verges cubiques de terre, qui avec celle emportée des parties plus
élevées du ruisseau, ne peuvent pas se monter à moins de 21,000 verges cubiques.

Comme le fait a déjà été mentionné dans de précédents rapports, la position
de ce havre, situé comme il l'est à l'embouchure d'un ruisseau qui passe pour la
plus grande partie à travers un sol d'une nature purement argileuse, et exposé à
de grandes inondations, durant lesquelles une grande quantité de matière terreuse
est emportée et déposée dans les eaux comparativement calmes au débouché, fera
toujours qu'ils sera obstrué et rempli de boue, tant que le bassin lui-même, et le
chenal entre les jetées conduisant au lac formeront le débouché du ruisseau.

Cette tendance à la formation d'amas de boue a été augmentée encore, dans
l'origine, à raison de l'espace resserré entre les jetées primitives.

Lors du dommage récent causé aux travaux, l'ingénieur du département
fut envoyé pour s'enquérir de l'état du havre et en faire rapport, et il a donné un
aperçu habile et élaboré à cet égard, répétant ce qui a été exposé plus haut
relativement à sa tendance à s'envaser, et exprimant comme son opinion, que
pour donner l'accès permanent requis aux vaisseaux, il faut adopter l'un des
deux modes suivants :—premièrement, empêcher le ruisseau d'entrer dans le
havre, et le diriger au moyen d'un nouveau chenal dans le lac, à l'ouest des
jetées actuelles. L'objection à ce mode, suivant qu'il l'indique, est que vérita-
blement il serait très dispendieux, en autant que ce chenal traverserait une

étendue considérable de terrain, toute divisée en lots de bâtisse, et estimée à une grande valeur, vû que les côtés devraient en être surement revêtus dans toute leur longueur, et qu'il devrait être de dimension à résister aux plus grandes inondations.

Outre la question des dépenses, le faible volume d'eau, dans les saisons de sécheresse, serait insuffisant pour empêcher qu'il ne se forme une barre de galet à travers l'embouchure du chenal, où elle demeurerait jusqu'à ce qu'elle fut enlevée par les prochaines hautes inondations, et dans l'intervalle, les environs deviendraient malsains à cause des eaux stagnantes qui croupiraient dans cette barre, et l'effet de la tranchée ainsi dirigée serait d'occasionner bientôt des dépôts et des obstacles à l'entrée du havre.

Le second mode suggéré, est de construire une nouvelle jetée à cent pieds à l'est de la jetée est actuelle, et de faire disparaître la partie étroite de la dernière, n'en laissant que la partie intérieure et large. Par ces moyens, deux entrées, en tout environ 180 pieds de large, seraient obtenues, et se trouvant environ égales à celles du bassin intérieur, l'ingénieur considère que la tendance à la formation d'amas de boue serait de beaucoup diminuée, et que les inondations quand elles auront lieu, passeraient avec impétuosité au-dessus de tout, et par ce moyen conserveraient les bassins et les débouchés libres d'embarras. Mais d'autant plus que la source de ce mal, c'est-à-dire, la grande quantité de détritus apportée annuellement, ne pourrait disparaître, et que le détritus continuerait nécessairement à être déposé dans les eaux calmes du lac près de l'embouchure du chenal, les soussignés craignent que, malgré que des inondations pourraient être assez considérables pour entrainer ce détritus dans des eaux si profondes que l'entrée serait longtemps sans être obstruée, cependant les inondations ordinaires quoiqu'elles apportent aussi des quantités considérables de matières terreuses, seraient insuffisantes, vû la largeur considérablement augmentée de l'entrée, pour emporter la boue qui continuerait à se déposer en dedans des jetées, et ainsi il serait indispensable d'avoir recours à un draguage périodique. Sous ces impressions, et prenant en considération les dépenses considérables qu'entraînerait l'adoption de ce mode (pas moins de £40,000,) les soussignés ne sont pas prêts à le recommander, et ils sont d'opinion que tout ce qu'il serait opportun d'entreprendre pour le présent serait de terminer le bassin selon les termes du contrat, étendre un peu la jetée ouest, et y ériger deux phares principaux, en prenant le soin d'enlever par le draguage les obstructions que pourront causer de temps à autres les dépôts qui se font dans le bassin.

Il a aussi été proposé par d'autres, de construire une écluse à travers le ruisseau au-dessus du bassin, dans le but de créer un étang pour y recevoir les dépôts, mais cet étang aurait pour effet de bientôt remplir le lit du ruisseau jusqu'au niveau de l'écluse, causant par là beaucoup de dommage à la propriété située au-dessus,—et de nuire sérieusement aux moulins situés plus bas sur le ruisseau, et d'empêcher qu'ils ne soient accessibles par des bateaux comme ils le sont aujourd'hui.

Les soussignés ont entendu dire que ce ruisseau à une époque reculée entrait dans le havre par un chenal entièrement différent ; s'il était prouvé que tel a été le cas, ce serait un sujet qui mériterait d'être examiné, dans le but de constater si le ruisseau pourrait être rendu à son premier cours, vû qu'il n'y a pas de doute que l'efficacité du havre pourrait dans ce cas être plus sûrement assurée et à meilleur marché.

La position de ce havre prend chaque jour de l'importance, d'autant plus qu'il est le débouché d'une étendue bien considérable de contrée inférieure à aucune en fertilité, en établissement rapide et en abondance.

CANAL DE LA BAIE BURLINGTON.

Les additions aux jetées aux deux extrémités de ce canal, qui étaient en voie de progrès à l'époque du dernier rapport, ont été entièrement achevées, et élevées à la hauteur projetée ; des dépenses considérables pour les réparations furent inévitables durant l'année dernière.

Les parties les plus faibles de l'ancienne construction ont été enlevées, et reconstruites ; mais quelques autres parties, en conséquence de l'affaissement des matériaux, ont besoin d'être démolies et renouvelées.

Le 18 de juillet dernier, la tour du phare et la maison du gardien furent détruites par le feu, supposé avoir été causé par des étincelles d'un steamer qui passait. Une lumière temporaire a été immédiatement substituée, et a été maintenue durant le reste de la navigation. Il est maintenant nécessaire d'ériger des bâtisses convenables,—dont le coût formera un item dans les estimés qui seront soumis à la législature.

Il a été aussi nécessaire de fournir un nouveau bac pour traverser les voitures, etc. ; ainsi qu'un autre plus petit pour traverser les piétons.

SERVICE DES REMORQUEURS AU–DESSUS DE MONTRÉAL.

Le service des remorqueurs durant la saison passée entre Lachine et Kingston a excédé celui des années précédentes, et comme il n'a pas été fait de plaintes, les soussignés n'ont pas raison de croire qu'il n'a pas été accompli d'une manière efficace et satisfaisante.

QUAIS EN BAS DE QUÉBEC.

Les quais à Berthier et à l'Islet, depuis qu'ils ont été complétés et enlevés des mains de l'entrepreneur, continuent à être dans un bon état d'efficacité. Les quais à la Malbaie et aux Eboulements, ainsi qu'à la Rivière du Loup, ont été endommagés quelque peu à leurs extrémités extérieures par la force de la glace, à laquelle ils sont très exposés ; il fut jugé nécessaire de protéger ces extrémités et chacun des côtés, sur la longueur d'environ 20 pieds, avec un bordage de chêne ou d'orme. Les angles exposés ont aussi été bien assurés avec les liens de fer ; ainsi protégés, il est à espérer que ces divers travaux demeureront dans un état sûr pour un nombre d'années, sans exiger d'autres réparations.

Il a été construit au quai de la Pointe aux Orignaux une aile d'environ 120 pieds de long sur le côté en amont de l'extrémité extérieure. Les brise-glaces furent placés, les poteaux d'amarrage fixés, et le plancher complété ; et l'ouvrage entier fut terminé avant le commencement de l'hiver, à l'exception de quelques liens de fer aux angles. Les hautes marées du printemps qui survinrent à la fin des travaux empêchèrent qu'ils ne fussent posés ; mais il y sera remédié à l'ouverture du printemps.

Au quai de Rimouski rien ne fut fait durant l'été dernier. La construction d'une aile, telle que recommandée plus haut, est considéré être d'une très grande importance, non seulement pour la commodité et la sûreté des vaisseaux qui approchent le quai, mais aussi pour le surcroît de force et de solidité que le quai en retirera

Il serait très important dans le but d'avoir accès facile aux quais ci-dessus mentionnés et de s'en servir commodément, d'ériger sur chacun un petit phare et d'y placer deux grues d'un pouvoir modéré. A chacun de ces quais il devrait y avoir aussi une bâtisse pour le logement d'une personne dont le devoir serait d'entretenir les lumières, prendre soin des provisions, et percevoir les taux de quaiages qui devraient être établis.

La nécessité d'une pareille charge à chaque quai a été recommandée dans le dernier rapport, vu qu'il était évident qu'ils étaient endommagés par des personnes qui y allumaient des feux et les détérioraient faute d'une autorité locale convenable pour prévenir ces déprédations.

PHARES EN BAS DE QUÉBEC.

Les maisons des gardiens à chacun des endroits respectifs où il y a des phares en voie de construction peuvent être considérées comme achevées, ainsi que les tours à feu à la pointe ouest d'Anticosti et du cap Rosier, qui sont prêtes à recevoir les fanaux ainsi que l'appareil d'éclairage.

A la pointe d'Amour et à l'île de Belleisle les tours étaient complétées à l'époque des derniers rapports, à l'exception de l'étage supérieur et de la chambre à l'éclairage ; et il est probable qu'à l'époque de la réception du prochain rapport, ils seront aussi entièrement prêts pour recevoir les fanaux et les appareils à éclairage.

Les travaux de toutes ces bâtisses ont été exécutés avec plus de soin qu'à l'ordinaire, avec les meilleurs matériaux et le plus solidement possible. Leur éloignement de tout autre établissement, leurs positions très exposées et la grande difficulté d'y arriver exigeaient doublement qu'ils fussent ainsi construits.

Comme il était impossible de se procurer de la pierre bonne à polir et qui pût convenir à l'extérieur des bâtisses dans les environs, et comme la construction de quais ou de places pour attérer, si cette pierre était apportée d'une distance, aurait entraîné de grandes dépenses, il fut décidé que les extérieurs seraient construits de deux rangées de la meilleure qualité de brique à feu anglaise, posée dans le ciment.

Au lieu de la maçonne en pierre ordinaire qui devait servir à la face intérieure des ouvrages tel que spécifié en premier lieu, on trouva bientôt qu'il valait mieux y substituer une maçonnerie bien préparée et bien jointoyée ; par ce moyen la qualité de l'ouvrage fut bien supérieure, et de l'emploi profitable fut donné aux hommes qui devaient y rester, après avoir amplement pourvu à leur sûreté et leur confort, l'expérience de la première année ayant démontré que près de la moitié de la saison des travaux était perdue, entre le temps où les hommes devaient nécessairement partir, et le temps ou ils devaient être de nouveau transportés à l'endroit de leurs occupations. Les dépenses occasionnées par les gages et l'entretien des hommes ainsi hivernés furent donc en quelque sorte, compensées par les matériaux qu'ils préparèrent durant cette période. La nécessité d'enduire de plâtre la surface intérieure des murs se faisait évidemment sentir, opération qui ne manquait pas d'être très importante, si l'on tient compte de la distance où il fallait se procurer la chaux et le sable, et des difficultés de débarquer les matériaux de toute espèce, et de les transporter des rives à l'endroit où se faisaient les travaux.

Tel qu'il a été mentionné dans le dernier rapport, la poursuite des travaux fut entravée par des difficultés extraordinaires. Il fallait transporter la grande masse des matériaux à une distance considérable, et les débarquer sur une rive nue et sans protection, battue constamment par une mer clapoteuse, exposant par là la vie et la propriété. Dans beaucoup de cas, quand les vaisseaux étaient arrivés près des travaux il devenait impossible d'attérer, et il est fréquemment survenu des délais de deux à six semaines avant de pouvoir aborder sûrement. Une perte ruineuse du temps des hommes et des chevaux eût ainsi lieu d'une manière inévitable, et depuis la date du dernier rapport six vaisseaux de 80 à 100 tonneaux et un steamer fait pour la mer, avec tous leurs chargements, ont été complétement perdus. Ces difficultés se rencontrent plus ou moins à tous les travaux, mais plus particulièrement à l'isle de Belleisle, où il fallait garder un grand nombre d'hommes et de chevaux. Indépendamment de la perte de temps occasionnée par l'impossibilité pour les vaisseaux d'aborder l'ile pour y débarquer les matériaux et les provisions avec quelque degré de régularité, tous les chevaux périrent, vu que le steamer qui leur apportait du fourrage fit naufrage, et que l'ile était si nue qu'elle ne produisait aucune espèce d'herbe qui aurait pu leur conserver la vie. Les pauvres bêtes furent réduites à la famine, et avant que la mort ne vint adoucir leurs souffrances, elles devinrent furieuses et cherchèrent à s'entredévorer.

Vers la fin de l'année, M. Gauvreau, le surinterdant immédiat de ces travaux, fut dépêché dans un autre steamer pour faire une inspection générale, et en descendant, ayant rencontré l'épave du steamer Doris, dont il a été parlé plus haut, il procéda de suite vers Belleisle dans le but de prévenir le malheur qui aurait pu survenir au parti qui s'y trouvait. Quand il put aborder l'île avec sûreté, il commença à débarquer des provisions, mais le temps devenant bien menaçant avant qu'il eût pu en délivrer une quantité suffisante, il en vint bien à propos à la détermination de ramener tous les hommes à Québec.

Le parti de travailleurs, avec toutes les provisions nécessaires, etc., sera dépêché aussitôt que l'état du fleuve le permettra, et on a lieu d'espérer que toute la maçonnerie, etc., sera complétée, et que les fanaux et les appareils à éclairage seront placés et prêts vers le milieu ou la fin d'août le plus tard.

Avant de commencer ces travaux, on avait bien prévu des difficultés de ce genre, mais pas de si graves que celles qui ont été éprouvées. En faisant des arrangements pour leur construction, les commissaires d'alors en choisissant M. Baby furent guidés par le fait que ce monsieur avait des avantages supérieurs pour exécuter ces travaux, des steamers à son ordre et d'autres vaisseaux, les machines, les matériaux, etc.

Il fut considéré presqu'impossible en face des circonstances, de faire une estimation approximative du coût, et en convenant de signer un contrat pour l'exécution des travaux à des prix plus élevés d'un certain percentage que ceux alors payés en la cité de Québec, il stipula spécialement qu'il devrait être distinctement entendu qu'un officier de confiance du département serait placé à chacun de ces travaux, dont le devoir serait, de concert avec le surintendant en chef, de tenir un compte stricte de toutes les dépenses quelconques encourues, y compris le coût et le frêt des vaisseaux, le coût des matériaux, les gages des hommes, etc., etc., et que dans le cas où il serait évident que les taux mentionnés dans le contrat ne couvrent pas le coût des travaux, on conviendrait de payer ces dépenses, et de lui allouer un percentage raisonnable pour son trouble, son inquiétude et ses déboursés. Cette stipulation fut sanctionnée par les commissaires, et, sur ce principe, il sera nécessaire, tel qu'exposé plus haut, de régler ces travaux.

LES REMORQUEURS EN BAS DE QUÉBEC.

Tel que mentionné dans le dernier rapport, l'entrepreneur du service de rémorque en bas de Québec, était tenu par son premier contrat de fournir des vaisseaux d'un certain pouvoir et d'une certaine classe, mais sur les représentations faites au gouvernement par la chambre de commerce de Québec, et par plusieurs autres personnes intéressées à ce que ce service fut accompli d'une manière efficace, il fut requis de suspendre les arrangements qu'il faisait alors pour les bâtiments qu'il devait fournir par son contrat, et après quelques négociations à ce sujet, sur un rapport fait par ce département, il émana un ordre en conseil pour autoriser l'annulation du contrat et pour en faire un nouveau, par lequel des vaisseaux à hélice en fer d'un bien plus grand pouvoir, etc., que ceux requis par le premier contrat, devaient être fournis par lui. Ces vaisseaux ont conséquemment été fournis, et depuis qu'ils ont été placés sur la ligne, ce qui a été fait dans le temps stipulé, le service a été accompli de la manière la plus satisfaisante.

Comme dans le début de toutes les entreprise de ce genre, quelque bien exécutées qu'elles puissent être, quelqu'importantes qu'elles soient aux intérêts du pays, les résultats de celle-ci, jusqu'à un certain point, ont fait éprouver des dommages sérieux à l'entrepreneur.

Un aperçu a été préparé par l'entrepreneur de ce service par lequel il appert que les dépenses totales de l'année, pour le fonctionnement de la ligne, à venir au premier janvier, 1857, se sont montées à £27,804, dans laquelle somme est comprise l'intérêt sur le coût des vaisseaux, l'assurance, les provisions, comme le charbon, suif, etc., et les gages et la pension des officiers et des hommes. D'un autre côté, les recettes pour services accomplis durant la saison, d'après les taux de tarif fixés, ne se montent qu'à £3,933 0s. 1d. Si à cette somme on ajoute le bonus du gouvernement, £11,300, les recettes totales seront de £15,283 0s. 1d., —en déduisant cette somme des dépenses on trouvera une perte de £12,521 pour l'année. Il est donc bien évident que le service ne saurait être accompli à moins que l'entrepreneur ne reçoive une nouvelle aide, ou que d'autres moyens ne soient adoptés. Les soussignés comprennent parfaitement l'importance de l'établissement d'un service efficace de remorque sur la ligne en bas de Québec. Il ne saurait y avoir de doute que, par ce moyen, l'assurance sera de beaucoup réduite, et le commerce par le St. Laurent encouragé et augmenté en proportion. Ils sont aussi fermement d'opinion que les recettes directes sous le tarif (même si les taux sont diminués, comme le commerce le demande,) augmenteront considérablement après une année ou deux,—tellement qu'après quelques années, la ligne se supportera elle-même sans aide sous forme de bonus ; mais dans l'intervalle l'entreprise doit être protégée. L'aide nouvelle recommandée devrait, au jugement des soussignés, être réglée sur les recettes de l'entrepreneur sous son tarif, et retirée entièrement quand il apparaîtra par le montant du bonus et des recettes du contrat pour la saison qu'elle ne sera plus nécessaire.

STEAMERS OCÉANIQUES.

La forme du contrat en vertu duquel la ligne des steamers océaniques est établie pour voyager entre les ports de Montréal, Québec et Liverpool, durant la saison de navigation du St. Laurent, et entre Liverpool et Portland durant les mois d'hiver, est annexée au dernier rapport de ce département.

Il n'est personne qui n'admette que le service a été accompli de la manière la plus satisfaisante et la plus recommandable ; mais malheureusement, les observations qui viennent d'être faites dans le chapitre précédent à l'égard des pertes et des difficultés auxquelles ces entreprises sont exposées à leur début, peuvent également trouver leur application ici. Il n'a été épargné ni trouble ni dépense pour placer des vaisseaux de première classe sur la ligne, et pour les équiper sous tous les rapports de la manière la plus supérieure. Cependant, il est bien démontré par les entrepreneurs que la ligne a été loin de payer durant cette première saison.

Les avantages que retirera nécessairement la province de l'établissement d'une pareille ligne de communication sont de jour en jour plus manifestes, mais pour que ces avantages soient aussi nombreux et aussi considérables qu'on devrait l'espérer d'une telle ligne, il faut que les voyages soient plus fréquents, et qu'une aide correspondante soit accordée par la province. Mais comme ce sujet a été soumis à la législature par la plus haute autorité, il est inutile de s'y arrêter plus longtemps ici.

Les voyages faits par les vaisseaux de la compagnie canadienne océanique à la vapeur ont démontré d'une manière incontestable l'importance et la sûreté du passage par le détroit de Belle-Isle, pendant une partie considérable de l'année. —A ce sujet, un des principaux propriétaires de la ligne, Hugh Allan, écuier, dans une communication récente adressée à l'un des soussignés, s'exprime en ces termes :—" Nos bâtiments à vapeur ont bien souvent passé par le Détroit de " Belle-Isle durant l'année dernière, depuis le commencement de juin jusqu'à la " clôture de la navigation dans le St. Laurent ; et bien que des banquises de " glace aient souvent été rencontrées, l'expérience de l'année dernière prouve " que les bâtiments à vapeur peuvent passer par ce détroit en sûreté durant " presque tout le temps que le fleuve St. Laurent est libre."

Dans une autre communication de ce monsieur, il est dit que,—" Malgré un " nombre plus qu'ordinaire de banquises de glace dans le détroit et dans les " environs cette année, (1856,) nos steamers ont à chaque passage tant en allant " qu'en venant, depuis le milieu de juin, pris cette voie, et notre intention est " qu'ils continuent à le faire jusqu'à la clôture de la navigation, ce qui démontre " la valeur et la praticabilité de ce passage pour les bâtiments à vapeur."

Après s'être étendu sur la vaste importance des phares maintenant en voie d'érection, M. Allan, se fondant sur l'expérience des capitaines de tous ses vaisseaux, et d'autres qui adoptent ce passage, fait voir la nécessité d'en augmenter le nombre.

Il recommande fortement que les phares additionnels suivants soient érigés dans l'ordre dans lequel ils sont ici exposés :—

Première saison.

Classe supérieure. { Cap Ray ou Cap Enragé, Terreneuve. (Le phare à l'extré- mité sud de St. Paul, qui est inutile en cet endroit, pourrait être placé à cette position.) Cap Whittle, au Labrador, dans le golfe.

Classe inférieure....Pot à l'eau-de-vie. Pélerins.

Seconde saison.

Classe supérieure. { Pointe Féréol, à Terreneuve, entrée ouest du détroit. Battle Island au Labrador, entrée est du détroit. Batture Manacouagan, Fleuve St. Laurent.

Classe inférieure...Isle aux Grues. Isle Madame.

Troisième saison.

Classe supérieure. { Cap Norman côte de Terreneuve, à l'entrée du détroit. Pointe Observation, à Anticosti. Cap Chats, et Métis, fleuve St. Laurent.

Outre ceux qui précèdent deux ou trois autres petits phares entre l'île Madame et Québec seraient d'un grand service. Les pilotes pourraient mieux indiquer les endroits où ces derniers pourraient être situés.

Chacun des principaux phares devrait être muni d'un canon d'alarme pour les temps de brume.

A raison des frais énormes et du délai qui se rattachent inévitablement à cause du climat à l'érection d'édifices en pierres, dans des endroits si éloignés et d'un accès si difficile que le seraient ceux dont il a été parlé plus haut, les soussignés sont portés à croire que la substitution de p' ares en fer entraînerait beaucoup moins de dépenses et conséquemment, ils ont pris des mesures pour s'assurer aussi près que possible du prix auquel ils peuvent être érigés.

Quatre jeux de fanaux et d'appareils à éclairage en commande chez le breveté ont été reçus, et les autres sont prêts à être envoyés aussitôt que la saison le permettra.

L'aperçu suivant indique la moyenne des passages faits par les principales lignes des steamers atlantiques.

	À l'ouest.		À l'est.		Aller & retour.	
	Jours.	Heures.	Jours.	Heures.	Jours.	Heures.
Ligne Cunard.. { Branche de Boston....	13.	7.	11.	12½.	24.	19½.
{ Branche de New York.	11.	22.	11.	13.	23.	10.
Ligne Collins	12.	16½.	12.	8.	25.	0½.
Ligne Bremen....Southampton.........	15.	0.	14.	12.	29.	12.
Ligne Canadienne....................	12.	20½.	11.	2.	23.	22½.

EXTENSION DU TÉLÉGRAPHE A TERRENEUVE—RAPIDES DU FLEUVE St. LAURENT—CANAL DU St. LAURENT ET DU LAC CHAMPLAIN.

En autant que possible, les divers sujets traités dans le dernier rapport ont été suivis *seriatim* dans celui-ci, en y ajoutant les observations sur chacun que les dépenses ou de nouveaux changements exigeaient. Mais quant aux trois items importants qui suivent, savoir : l'extension du télégraphe à Terreneuve—l'amélioration des rapides du St. Laurent, et la construction du canal du St. Laurent et du lac Champlain, comme les vues des soussignés sur les grands avantages qui reviendraient de chacun de ces travaux ont été exposées au long dans ce rapport, et qu'aucune autorisation d'agir n'a été encore promulguée, il est inutile ici d'en faire une plus ample mention ; il suffit de renvoyer au rapport en question pour toute information qui peut s'y rattacher.

COMMUNICATION ENTRE LE CANADA ET LE NOUVEAU BRUNSWICK.

Les travaux de ce chemin ont été exécutés durant la dernière saison par des partis séparés, travaillant à chaque extrémité ; une partie considérable du drainage et du nivellement a été effectuée d'une manière très supérieure. Les soussignés ont eu l'occasion de parcourir quelques milles de l'extrémité nord de ce chemin, tard dans le mois d'août dernier, représentés par la personne qui en a la charge comme un bon spécimen du reste sur lequel des travaux semblables se poursuivent. Mais ils furent bien mécontents de voir que des dépenses considérables avaient été faites sur les deux milles adjoignant la ville de Rivière du Loup, sur lesquels, à leur jugement, il n'aurait dû être rien dépensé avant que d'autres parties du chemin, qui étaient dans un état impraticable, n'eussent été améliorées, vu que la partie en question, proche de la ville, était avant ces améliorations, suffisamment bonne sous tous les rapports pour les communications projetées, et vu surtout que le faible montant de l'appropriation comparé avec la grande étendue des travaux à faire, ne suffira certainement pas pour améliorer le chemin dans toute sa longueur, dans une pareille proportion, et que quelques unes des mauvaises parties pourront par ce moyen là nécessairement demeurer dans un état incomplet.

Comme il a été dit plus haut, le drainage et le nivellement du chemin sur lequel ils ont été faits, l'ont été d'une manière supérieure ; et là ou la ligne traverse un sol composé d'une proportion modérée de gravier ou d'autre matière solide, le chemin continue à être en bon état d'opération. D'un autre côté, plusieurs parties de ce chemin se trouvent dans un terrain bas de glaise argileuse molle, qui se brise en formant des trous dangereux et des ornières, si le chemin est fréquenté après avoir été nouvellement réparé ; et si on ne trouve pas les moyens de gravoyer ou macadamiser ces parties de chemins, il est à craindre qu'elles ne soient bientôt aussi impraticables que jamais. Le trafic qui passe par ce chemin s'accroît journellement, et de fait ne se trouve arrêté que par le mauvais état des parties de chemin qui ne sont pas encore réparées

Cette ligne peut-être considérée comme la principale, sinon, la seule par laquelle les provisions peuvent être fournies du Canada aux personnes engagées dans le commerce de bois dans la partie nord-ouest de l'état du Maine, et du Nouveau-Brunswick.

GROSSE ISLE

Les travaux mentionnés dans le dernier rapport ont depuis été terminés ; ils comprenaient principalement l'érection d'une buanderie, d'une maison pour y déposer les morts, et de quelques autres édifices nécessaires.

Toutes les maisons qui sont annuellement requises sont généralement tenues en bon état de réparation ; mais les maisons temporaires, bâties il y a quelques années, sont en ruine ; on se propose de les abattre, et d'employer les matériaux (principalement des planches) pour d'autres objets auxquels ils pourront servir.

EDIFICES PUBLICS.

COURS DE JUSTICE ET PRISONS.

PALAIS DE JUSTICE DE MONTRÉAL.

Il a été dit dans le dernier rapport que l'on s'attendait à ce que ce vaste édifice serait assez avancé pour permettre au département de le livrer à l'officier qu'il appartient vers ou avant les premiers jours de mai suivant (1856). Le premier jour de ce mois, les protonotaires furent mis en possession des bâtisses, et depuis cette époque les cours de justice ont été tenues et toutes les affaires qui s'y rattachent ont été transigées dans l'édifice.

De temps à autre, le département a fait faire des appareils et autres améliorations à l'intérieur, sur des réquisitions du protonotaire et d'autres officiers de la cour appuyées dans beaucoup de cas par les juges.

Il a été récemment posé d'autres tubes à vapeur pour réchauffer les parties éloignées dans les hauteurs de l'édifice.

Les dépenses totales se montent à la somme brute de £74,142 5s. 11d., qui comprennent non seulement les sommes payées mais encore tous les contrats et obligations actuellement dûs, en autant qu'ils ont été recueillis jusqu'au 1er février 1857, savoir :

Travaux de contrats et calculés	£32,885	10	8
Travaux additionnels sur l'édifice	11,064	16	5¼
Dommages et indemnités	6,035	17	3
Appareils à l'épreuve d'incendie et dépenses contingentes	3,042	10	10½
Chauffage et ventilation	4,301	11	11½
Plombage et appareil à gaz	1,688	8	1¼
Ameublements et appareils	6,063	14	2
Tapis, paillassons et grilles	976	16	6
Travaux faits à l'extérieur et approches	674	15	2
Journaliers, chauffeurs et hommes de guet	315	8	11
Comptes de combustible	1,088	1	10
Comptes spéciaux, nettoyage de l'édifice	1,781	5	1
Surveillance, commission de l'architecte, etc	3,942	16	0
Do do	281	1	11
	£74,142	5	11

Les soussignés ne connaissent point d'autres dépenses à faire à l'édifice si ce n'est de l'entourer d'une balustrade convenable ; en le faisant, il serait bien à désirer que cette partie qui se trouve sur la rue Notre-Dame soit reculée de manière à augmenter la largeur de la rue qui, dans le moment, se trouve trop étroite sur le front d'un édifice d'une telle importance.

Il a été fait des remontrances aux autorités de la cité sur la convenance de démolir la vieille bâtisse qui est encore debout et qui, par son apparence désagréable, enlève une grande partie de l'effet que produirait le nouvel édifice.

PRISON DE MONTRÉAL.

Au chapitre des " prisons " les commissaires des travaux publics pour le temps d'alors ont réitéré des remontrances sur l'insuffisance de cet édifice dans les choses les plus nécessaires à une bonne prison, soit sous le rapport des clôtures, de l'emploi à donner aux prisonniers, de leur sûre détention, des cours d'exercice isolées, des abris à bois, des appartements de jour, de la ventilation, de la classification, etc. Dans leur dernier rapport, les soussignés font les mêmes représentations et ajoutent,—" que cet exposé s'applique à chacune des prisons qui " se rattachent à ce département en autant qu'il peut être considéré comme ayant " trait aux réparations faites sous son contrôle. De fait, quelques-unes d'entre " elles sont une disgrâce pour un pays civilisé, et c'est avec beaucoup de répu- " gnance que les commissaires se sont trouvés inévitablement les intermédiaires " par lesquels il a été encouru de temps à autre, sur un certain nombre d'entre " elles, des dépenses qui ne sont pas seulement tout-à fait insuffisantes pour leur " objet, mais qui sont faites sur des bâtisses qui ne sauraient être mises en bon " ordre pour aucun prix." Cette représentation, les soussignés se croient tenus de la répéter encore.

La prison de Montréal est encore dans l'état où elle était lors du dernier rapport. En conséquence d'une représentation des grands jurés du district, soumise au gouvernement exécutif par l'honorable juge en chef de la cour du banc de la reine, jointe aux recommandations faites par le Dr. Nelson, inspecteur des prisons, il fut fait une estimation du coût que les améliorations des ailes sud-ouest et nord-ouest entraîneraient d'après les suggestions de ce dernier officier. Les estimations se montaient à £4,434 0 0, et l'appropriation dépend de la décision de la législature. Mais avant de faire aucun déboursé, il paraît grandement désirable aux soussignés qu'il soit adopté quelque plan étendu et général qui fasse disparaître les stigmates imprimés depuis si longtemps sur le nom de la province, à propos de ces repaires dont elle se sert pour incarcérer les criminels sous sentence comme les prisonniers avant procès et les débiteurs.

COUR DE JUSTICE ET PRISON DE KAMOURASKA

Lors de la formation de ce district, il fut fait sur cet édifice, qui n'était d'abord qu'une maison de résidence de dimensions ordinaires, quelques dépenses pour le rendre propre à servir aux besoins d'une cour de justice et prison. Il est inutile de dire combien il répond peu à sa destination ; le Dr. Nelson a recommandé d'y faire ajouter une aile qui servirait de prison, et dont le coût est porté à £2087 16 4. Cette dépense n'a pas encore été autorisée.

COUR DE JUSTICE ET PRISON D'AYLMER.

Il faut faire quelques changements et donner plus d'extension à la prison dans cet édifice. Les officiers qui y sont attachés se plaignent justement de ce qu'il est imparfaitement chauffé. Le chauffage devait se faire au moyen d'un air chaud dont le constructeur garantissait l'efficacité ; sommé de remédier aux défectuosités, il a attribué l'insuccès aux tuyaux de cheminées et aux cheminées, et il est vrai que jusqu'à un certain point elles sont bien défectueuses. Il a été fait un compromis avec lui, et il est à espérer que le mal ne continuera pas.

PRISON DE QUEBEC.

Les représentations réitérées des grands jurés ont porté l'attention du gouvernement sur l'absolue nécessité d'une nouvelle prison, en un endroit plus convenable. Les soussignés ont en conséquence, été autorisés à demander des plans, et l'on se proposait d'ériger à cette fin un édifice d'après le plan le meilleur avec toutes les améliorations que l'on pourrait y faire, sur un lot de terre que la province a acheté en dehors des murs et connu sous le nom de " propriété Bonner."

Avant de prendre définitivement cette démarche on trouva expédient de soumettre l'affaire à la considération des autorités militaires ; et sur les sérieuses représentations qu'elles firent sur le dommage que la construction de ces bâtisses causerait aux défenses de la cité dans cette position, et de la certitude qu'il y aurait qu'elle serait détruite dans le cas où la cité serait attaquée, il fut entamé des négociations qui sont encore pendantes pour une échange de propriété contre une propriété de l'artillerie de même valeur, et convenable sous tous les rapports comme site de prison. Aussitôt que cette question sera décidée d'une manière satisfaisante, les nouvelles bâtisses seront commencées. Dans l'intervalle il devra se faire des réparations d'environ £200 sur les soupapes, les portes, les fenêtres, murs d'entourage et le jointoyage des murs extérieurs de la bâtisse.

c³⁵

PALAIS DE JUSTICE DE QUEBEC.

Cet édifice est en bon état de réparation, à l'exception de quelques uns des planchers qu'il faudra faire, et qui pourront coûter £100.

La salle de la cour d'appel a été préparée pour la commission de la tenure seigneuriale ; et cette dernière se trouvant maintenant fermée, les arrangements de la salle doivent être ramenés à leur ancien état à un coût d'environ £100.

Les travaux qui se rattachent à l'introduction et à la distribution de l'eau dans tout l'édifice ont été complétés.

COUR DE JUSTICE ET PRISON DE SHERBROOKE.

L'état dans lequel se trouvent cette prison et la cour de justice, mais surtout la première, est tel qu'il devrait être le sujet de remontrances sevères de la part de chaque-grand jury du district qui se succède. Il n'est pas possible de remédier à une mauvaise construction et aux arrangements de la prison actuelle ; et quant à la cour de justice, les fondations, couvertures, etc., en étaient dès l'origine tellement défectueuses et les arrangements en étaient si mauvais, qu'elle fût et continue encore à être une source intarissable de plaintes et de dépenses.

Sous ces circonstances, les soussignés ont désiré recommander ou encourir le moins de déboursés possibles sur ces édifices, et ils sont d'opinion que jusqu'à ce que la question de l'amélioration générale des prisons soit prise en considération et décidée, les dépenses devraient être limitées au juste nécessaire pour empêcher que l'édifice ne tombe en ruine. Il a été récemment fait par ordre du département une inspection de la bâtisse d'après ce principe, et l'estimation du coût des ouvrages indispensables, se monte à £650 pour la cour de justice et £300 pour la prison.

PRISON ET COUR DE JUSTICE DE ST. HYACINTHE.

Les remarques qui viennent d'être faites sur la prison de Sherbrooke s'appliquent encore plus fortement à celle de St. Hyacinthe. Le grand jury du district représente la prison comme trop petite, peu sûre et dans un état de détérioration, et incapable de servir aux besoins d'une prison. Un officier du département a aussi reçu instruction de l'inspecter et d'en faire rapport, et il porte le coût des réparations extérieures à £157 15s 0d. Mais il ajoute "qu'il faudrait " faire de grands déboursés pour l'intérieur, mais que la bâtisse étant vieille et en " ruine, il n'a recommandé que les déboursés indispensables."

COUR DE JUSTICE ET PRISON DES TROIS-RIVIÈRES.

Certaines réparations et améliorations ont été autorisées sur la réquisition du protonotaire et shérif. Ce sont principalement, la reconstruction des têtes de cheminée, la pose d'un trottoir, et la pose de paratonnères, le jointoyage des murs et les appareils à gaz.

Le toit est dans un état très défectueux, et il a été demandé et reçu des soumissions pour le réparer et le renouveler en général ; la plus basse soumission a été de £151 pour la prison et £437 pour la cour de justice.

MAISON DE DOUANE à QUÉBEC.

⟨⟩ Le plan de cette maison de douane ayant été, avec l'approbation du gouvernement, choisi parmi un certain nombre d'autres plans, il fut aussitôt demandé et reçu des soumissions pour cette construction et le contrat fut adjugé à la plus basse—celle de M. M'Greevy, se montant à £39,875. Le coût total sera en définitive à peu près le montant de l'estimation de l'architecte, savoir £46,874 que l'on peut considérer comme susceptible d'être divisée en deux parts à peu près égale, l'une pour l'édifice lui même, et l'autre pour ce qui n'est guère moins essentiel, le remplissage de ce grand espace sur le front, avec les approches nécessaires et les travaux considérables qu'il faut pour les protéger ainsi que l'édifice contre l'action des vagues. Jusqu'ici les travaux ont été bornés à la construction des fondations, etc., etc.

L'entrepreneur a travaillé avec une énergie peu ordinaire et le progrès des travaux et la manière dont ils ont été faits ont été très satisfaisants. Il a sagement profité de l'hiver pour se procurer et avoir tous les matériaux nécessaires, et outre les facilités du charroyage pendant cette saison, il a commandé les services du nombre de journaliers nécessaires, ce qu'il n'aurait pu faire après l'ouverture de la navigation qu'à des prix bien au dessus de ceux qu'il a payés.

MAISON DE DOUANE A MONTRÉAL.

La maison de douane actuelle à Montréal et celle de Toronto, sont extrèmement petites et sont insuffisantes pour les besoins actuels et croissants de ces ports florissants.

La position de la douane à Montréal rend impossible tout agrandissement. Les percepteurs et d'autres personnes ont très souvent demandé qu'il y fut dépensé de fortes sommes ; mais pour les raisons assignées plus haut, et dans le dernier rapport annuel de ce département, il a été recommandé qu'un site convenable soit acheté pour y ériger un autre édifice suffisamment grand, et de vendre le site actuel, qui contribuerait pour beaucoup dans les frais de construction du nouveau.

MAISON DE DOUANE A TORONTO.

Il semble aux soussignés que l'occasion est arrivée de choisir un site pour une nouvelle maison de douane, qu'il faudra avant longtemps construire dans la cité de Toronto. Il y a dans le moment des lots vacants dans des positions convenables, qui seront bientôt occupés et ne pourront s'acheter qu'à des prix beaucoup plus élevés, et il serait prudent de considérer jusqu'à quel point le choix du site dépendra du principe adopté d'avoir un dépôt central et des quais pour tous les chemins de fer qui ont leur terminus dans la cité.

MAISON DE DOUANE A KINGSTON.

Le contrat pour la construction d'une nouvelle maison de douane pour le port de Kingston a été donné à Thomas C. Pidgeon, maître constructeur,—ses soumissions étant les plus basses. D'après les termes du contrat, tout l'ouvrage à faire se fera pour la somme ronde de £6965, faisant, £1458 de plus que l'estimation de l'architecte.

L'ouvrage avance d'une manière satisfaisante.

MAISON DE DOUANE A HAMILTON.

Des plans ont été fournis pour des bâtisses de douane au port d'Hamilton, et l'on se propose de procéder aux travaux aussitôt que la législature aura fait les appropriations nécessaires.

BUREAUX DE POSTE.

BUREAU DE POSTE A QUÉBEC.

Comme il n'a été donné aucune autorisation de procéder à la construction du nouveau bureau de poste à Québec, rien n'a encore été fait. On croit que les délais sont dûs à ce que le site n'est pas encore déterminé.

BUREAU DE POSTE A HAMILTON.

Ce bureau de poste est fini, et l'on y a transigé des affaires durant l'année dernière.

BUREAU DE POSTE A TORONTO.

Des dépenses inévitables ont été faites sur le bureau de poste de cette cité, le drainage était bien défectueux; et quelques déboursés ont été faits pour préparer un certain nombre de boîtes à lettres qu'exigeaient les affaires croissantes du bureau. Pour plus grande protection contre le froid, les entrées et vestibules ont été changés et des doubles chassis ont été posés au bureau d'assortissement, etc.

BUREAU DE POSTE DE KINGSTON.

Le nouveau bureau de poste à Kingston se continue par MM. Overend et Mathews, dont les soumissions étaient les plus basses. Elles se montaient à £6745 étant de £1568 de plus que l'estimation de l'architecte. Les travaux avancent d'une manière satisfaisante.

BUREAU DE POSTE DE LONDON.

Le maître-général des postes a acheté pour la somme de £2160 un site de bureau de poste à London. Le montant approprié à cette fin était de £2500. L'édifice se construira aussitôt que les fonds nécessaires seront accordés.

ECOLES NORMALES ET MODELES.

MONTRÉAL.

Il a été dépensé, durant les derniers six mois, environ £1114 pour certains changements demandés par le surintendant de l'éducation pour le Bas-Canada, dans les vieux édifices qui font face sur la rue Notre Dame, près du carré Jacques Cartier, et anciennement employés comme bureaux du gouvernement, pour les mettre en état de servir comme écoles normales et modèles de la partie catholique romaine de la population.

Dans la vue d'obtenir sans délai les mêmes avantages pour la partie protestante de la société de Montréal et du district adjacent, les autorités du collége McGill ont demandé au gouvernement l'autorisation de dépenser une somme de £2629 pour réparer et préparer l'édifice en ruine, autrefois occupé comme lycée, dans Belmont Street, et ils ont promis que le bureau d'école, par l'entremise de ses officiers veillerait à ce que les dépenses se feraient avec économie et jugement. Après avoir dûment examiné le tout, un officier du département a fait rapport que les réparations, etc., étaient indispensables, et que les estimations étaient modérées et en conséquence un arrangement a été conclu avec le bureau des écoles avec l'entente que la somme fixée serait suffisante. Cet édifice a été aussi ouvert à l'enseignement le 4 du courant.

QUÉBEC.

Autorisation a été donnée de dépenser une somme n'excédant pas £2000 pour réparer et préparer la partie qui reste du vieux château ou du château St. Louis—pour recevoir les écoles normales et modèles de la cité et du district de Québec. Les réparations à faire sont considérables, vu l'état de détérioration dans lequel se trouvent les ouvrages en bois, les planchers et le toit; dans le fait il devra être nécessaire de renouveler le toit dans toute son étendue. Depuis que cette dépense a été autorisée, un coup de vent survenu le 4 novembre dernier, a endommagé le toit et la maçonnerie pour un montant d'au moins £200.

EDIFICES PARLEMENTAIRES.

TORONTO.

Durant la vacance qui a suivi la dernière réunion du parlement, il a été pris des mesures pour mieux protéger les ailes de derrière et les nouvelles bibliothèques, dans le cas où le feu prendrait dans l'édifice principal—en fermant toute communication avec doubles portes en fer et posant à l'extérieur des contrevents en fer aux ouvertures—montant des coupe-feu en brique à travers le toit, partout où le toit des ailes se joignait au toit de l'édifice principal—et couvrant les ailes en ardoise. L'on a encore pourvu contre les dangers du feu en pratiquant dans l'intérieur deux grands réservoirs qui sont toujours remplis d'eau, avec jets d'eau munis de soupapes et tuyaux en rapport, prêts à servir immédiatement dans la bibliothèque et les autres parties de l'édifice.

La nouvelle bibliothèque a été complétée et contient maintenant les nouveaux livres qui ont été achetés en Europe, et sur l'un des côtés sont suspendus les portraits de sa majesté et ceux des orateurs de l'assemblée législative. Le plan de cet édifice en premier lieu était en brique avec couverture en ardoise ou ferblanc ; mais pour des raisons d'économie, le comité de la bibliothèque se décida à remplacer la brique par le bois.

L'ancienne toiture en bardeaux de l'édifice central du parlement et des ailes est dans un état bien défectueux sur toute la partie du centre. Dans le but d'arrêter le coulage et de protéger l'édifice jusqu'à un certain point contre les étincelles qui, tombant sur le toit, pourraient causer le feu, il a été proposé d'y appliquer la composition Mackintosh qui est tout autant que la toiture peut endurer. L'autorisation a été donnée et l'on y procédera aussitôt que le temps le permettra.

Le département du receveur-général ayant été transporté dans un édifice isolé, l'aile ouest, à l'exception de quelques appartements appropriés aux employés du conseil législatif, est maintenant occupée par le département de l'inspecteur-général, y compris la branche des douanes et la branche d'audition. Il a été pourvu aux moyens de fournir l'eau nécessaire aux besoins de tous les jours et de la protection contre les accidents du feu.

Le département du receveur-général est maintenant logé dans une bâtisse neuve en brique et tout à fait isolée, dans les environs des chambres du parlement. Jusqu'ici il y avait eu de grands dangers à laisser sous le même toit tous les livres, pièces justificatives en double et comptes publics de ce département, avec ceux du département de l'inspecteur-général.

La bâtisse occupée par le département des travaux publics, dans York street, s'étant trouvée tout à fait insuffisante a été abandonnée à l'expiration du bail, et maintenant le département est grandement logé dans un édifice à quelque distance du bureau du receveur-général.

Il n'a été fait que peu de dépenses, depuis le dernier rapport, sur l'édifice occupé comme bureau par son excellence le gouverneur-général, par le conseil exécutif, par le secrétaire provincial et par les officiers du département en loi de la couronne, aussi sur ceux qu'occupent le bureau d'agriculture, le département de l'adjudant-général, le département des sauvages et l'agent des terres de l'Ordonnance. L'édifice qu'occupent les départements du maître-général des postes et du commissaire des terres de la couronne a exigé de grands déboursés durant l'année dernière. Pour se protéger contre la sévérité du froid il a fallu poser des doubles chassis à une grande partie de la bâtisse, et faire beaucoup de frais pour empêcher de geler les citernes et les tuyaux des soupapes, etc., et pour étancher le tour des frontons et des cheminées sur le toit.

Les dépenses sur la résidence du gouverneur se sont bornées, durant l'année dernière à augmenter principalement les moyens de précaution contre le feu, en y fixant des jets d'eau à soupapes et y posant des doubles chassis.

Par suite de l'encombrement des patients dans l'asile des aliénés de la province, dans cette cité, il est devenu nécessaire dans le cours de l'année dernière de pourvoir à la réception d'environ 80 femmes détenues. Ceci s'est fait moyennant une dépense d'environ £2622, sur la bâtisse connue sous le nom de "Old University Building." Il a fallu remédier au drainage défectueux qui y avait été pratiqué ; les planchers en pourriture ont été renouvelés, le toit réparé et recouvert d'une couche de composition à l'épreuve de l'eau ; des grillages ont été posés aux fenêtres, les cours d'exercice entourées et le gaz et l'eau introduits ; ces arrangements ne sont cependant considérés que comme temporaires et l'on s'en dispensera aussitôt que sera construit l'asile auxiliaire des aliénés pour lequel il a été voté des fonds.

HOPITAL DE MARINE, QUEBEC.

L'aile neuve de cet édifice a été complétée, le gaz y a été introduit, et l'on a adopté un système de chauffage et de ventilation dont les résultats sont représentés comme très satisfaisants ; mais M. Gauvreau, l'officier immédiatement en charge des travaux, bien que favorablement impressionné sur le mode adopté, recommande qu'il ne devrait pas être appliqué à l'ancien édifice avant d'être éprouvé de nouveau.

Les travaux, au chapitre des réparations et améliorations, mentionnés dans le dernier rapport comme nécessaires ont été en partie complétés et sont en partie en voie de progrès. Mais à part cela, on considère qu'il est maintenant à propos d'exhausser les têtes des cheminées de l'édifice afin d'éviter les inconvéniens qui résultent de la fumée, surtout dans les ailes—inconvéniens qui proviennent de ce que les cheminées se trouvent plus basses que la partie centrale de l'édifice.

ABRIS A CANONS.

Québec.—Pour la protection des canons, avec affûts, caissons etc., appartenant à la compagnie volontaire d'artillerie à Québec, commandée par le major Gamache, un édifice a été élevé sur la propriété acquise par le gouvernement à Québec, et ci-devant dans la possession des héritiers Sewell. Une partie de l'étage supérieur de la bâtisse a été préparée comme logement de la personne en charge et le reste comme arsenal pour les armes des compagnies volontaires de carabiniers. La bâtisse est presque complétée, les canons sont dans la partie qui leur est assignée et le reste se finira de bonne heure dans le printemps.

Toronto.—Une bâtisse d'un étage a été érigée sur le lot de terre connu comme *Bathurst Street Barracks*, pour y recevoir quatre pièces de batteries de campagne avec ses caissons, etc., etc., appartenant à la compagnie volontaire d'artillerie de cette cité, commandée par le major Dennis

Il a aussi été érigé une bâtisse attenante à celle ci-dessus mentionnée pour servir de dépôt aux harnais ; et un troisième ou appenti de 100 pieds de long a été construit pour les chevaux d'artillerie, etc., etc., comme abri durant les mauvais temps Ces édifices, avec un grand espace planchéié pour les fins de l'exercice, ont été enclos avec soin.

Hamilton.—Sur réquisition de pourvoir à des moyens de recevoir la compagnie volontaire d'artillerie à Hamilton, commandée par le major Booker, le département a envoyé un de ses officiers pour examiner le site. On proposait de bâtir en arrière du lot destiné au nouveau bureau de poste, mais comme il est de peu de dimension et qu'il est situé dans une partie densément peuplée de la cité et d'ailleurs peu accessible, il a été considéré qu'il valait mieux en acheter un autre—c'est ce qui a été fait et les plans et estimations sont préparés pour construction en brique, conformément aux règlements de la cité. La bâtisse, d'après le plan, aura 140 pieds de long sur 36 de large et deux étages ; le bas sera occupé par les canons, caissons, etc., pendant qu'une partie du haut sera réservée comme logement pour la personne en charge, et le reste servira d'arsenal pouvant contenir 350 armes, accoutrements etc., etc., que possèdent les compagnies volontaires des carabiniers de la cité.

Ce département a récemment reçu instruction de préparer des plans sur une échelle quelque peu différente et réduite, avant de soumettre une estimation au parlement.

PILIERS DANS LES RAPIDES DU RICHELIEU, FLEUVE ST. LAURENT.

Les terres et autres propriétés situées sur les deux rives du St. Laurent, dans les différentes paroisses qui se trouvent au-dessus des rapides du Richelieu, ont été de temps immémorial exposées à bien des dommages en conséquence de l'entassement et de l'accumulation des larges masses de glace qui, pour descendre le fleuve, ont à passer dans le chenal étroit de ces rapides, où elles forment quelquefois des digues de glace qui soulèvent l'eau à telle hauteur qu'elles inondent des étendues considérables de pays, au grand détriment de ceux qui l'habitent. Le sujet a occupé l'attention du parlement d'année en année et, dans les sessions de 1852–3, un comité spécial fut nommé, reçut des témoignages et recueillit beaucoup de renseignements sur ce sujet.

Bien des personnes, qui prétendent connaître cette partie du fleuve et qui ont surveillé la formation de ces digues, insistent sérieusement sur le fait que la construction de quelques petits piliers, au-dessus des rapides, ferait prendre, tous les ans de bonne heure, la glace sur le fleuve quelque peu au-dessus, et que par conséquent les digues ou amoncellements des glaces n'auraient plus lieu et, partant, plus d'inondations. Ce projet paraissant praticable, il fut voté durant la dernière session une légère appropriation pour subvenir aux frais de construction de ces piliers. L'ingénieur du départment reçut ensuite instruction d'examiner la localité ; et il fit rapport que, dans son opinion, l'on pourrait probablement atteindre l'objet en vue avec le plan proposé, mais il recommanda un plus grand nombre de piliers, et d'une force beaucoup plus considérable que le voulaient ceux qui avaient donné leur témoignage devant le comité. Il fut donc fait des plans et des spécifications et les travaux furent donnés ; mais les soussignés regrettent que, malgré tous les efforts qu'ils ont fait pour pousser les travaux assez pour que les piliers fussent calés avant les froids et que l'expérience en fût franchement faite, l'entrepreneur les ait conduit d'une manière si lente que lorsqu'il a fallu suspendre les travaux il n'avait été calé que deux piliers, et encore dans un état imparfait. Quand les soussignés s'apperçurent que les travaux n'avançaient point avec toute la diligence possible, il était trop tard pour employer d'autres personnes ; mais les entrepreneurs n'ont reçu aucun argent en à-compte, conformément aux conditions de leurs contrats.

Cet hiver, il s'est formé un pont de glace, au-dessus des rapides, bien avant l'époque ordinaire ; mais il est difficile de dire si cela est dû aux piliers qui ont été calés ou au froid qui a été plus rigoureux que d'ordinaire.

ETUDES.

Pendant la dernière session, il a été voté pour ce service généralement une somme de £5,000 applicable seulement aux études qu'il serait considéré désirable de faire, pour constater la praticabilité et le coût de divers travaux représentés au gouvernement comme de première importance, et étroitement liés au developpement du pays.

La première de ces études a été celle qui se rattache au projet d'agrandir le canal Welland, objet d'une importance que l'on ne saurait trop apprécier.

Ayant appris que Walter Shanly, écuier, avait été occupé pendant quelque temps à explorer cette partie du pays, située entre le canal Welland, au-dessus de Thorold et le port de Niagara, dans le but de constater les facilités qu'il y aurait à construire un embranchement de canal entre ces points, le département obtint et paya à même les deniers ci-dessus mentionnés le fruit de ses études, avec un rapport détaillé accompagné de plans et de sections. Cette question d'agrandissement a été traitée avec de grands détails dans une partie précédente de ce rapport, sous le chapitre du canal Welland. (Pour le rapport de M. Shanly, voir appendice lettre B.)

Une autre étude et exploration d'une importance générale a aussi été faite, c'est celle de la rivière Saguenay, de Chicoutimi au lac St. Jean. L'objet de cette exploration était de constater la nature et l'étendue des obstacles qui s'opposent, au-dessus de Chicoutimi, à la descente des bois,—de voir s'il est possible de les enlever et ce qu'il en coûterait, et jusqu'à quel point ces dépenses trouveraient une compensation dans ces vastes étendues de pays, riches en bois, qu'elles ouvriraient à l'exploitation. M. Merrill, l'officier de ce département chargé, depuis plusieurs années, de toutes les glissoires et autres, travaux qui se trouvent sur l'Ottawa et ses tributaires et sous la direction duquel ils ont été construits, a été choisi pour faire cette exploration du Saguenay, et les soussignés sont convaincus que cette tâche ne pouvait être confiée à une personne mieux qualifiée, vu l'expérience longue et pratique qu'il a acquise dans le tracé comme dans la construction des travaux de cette espèce.

Son rapport (voir appendice, lettre E.,) est très satisfaisant en ce qu'il prouve qu'il est parfaitement possible d'enlever ces obstacles du lac St. Jean à Chicoutimi, moyennant des déboursés comparativement modiques, et qu'il y a toute raison de croire que ce serait le moyen d'ouvrir ces immenses forêts de bois de prix à tous ceux qui voudraient se jeter dans la fabrication du bois dans ces endroits, dès que les obstacles auront été enlevés.

Des explorations sur une plus petite échelle ont aussi été faites, principalement par l'ingénieur du département, dans le but d'obtenir des renseignements sur diverses entreprises, sur lesquelles l'attention du gouvernement a été sollicitée durant la dernière session. Entre autres se trouvent :

LE HAVRE DE PRESQU'ISLE.

D'après le rapport de M. Page, cette baie ou ce havre est représenté comme formé par un banc long et étroit de terres basses, principalement du sable, s'avançant dans le lac dans une direction est, pour près de quatre milles. Son extrémité orientale est une formation rocheuse qui s'élève à quelque pieds au-dessus du niveau du lac et qui va s'approfondissant en s'éloignant du rivage, mais si insensiblement qu'il forme une batture dangereuse, pour près de 500 verges au delà du point où le phare principal est situé. Cette pointe était autrefois couverte d'arbres qui formaient une protection bien grande pour l'intérieur de la baie, durant les vents si fréquents d'ouest et de sud-ouest ; un grand nombre de ces arbres ont été coupés depuis quelques années, et le havre et les approches du havre en ont beaucoup souffert.

A environ un mille du phare principal, il y a une batture appelée " Salt Point," formée de gravier qui, dit-on, est rapporté par les vagues du lac. Cette pointe rétrécit certainement l'entrée d'un bon quart de mille. Vers son extrémité extérieur il y a un petit phare lequel avec un autre établi sur la rive nord du banc, vers le sud-ouest, forme une ligne de direction pour les vaisseaux dans le chenal, immédiatement après avoir passé l'extrémité extérieure de la batture centrale.

La superficie de la baie en dedans du phare est d'environ dix milles, faisant plus de deux milles trois quarts en profondeur sur trois milles et trois quarts en largeur. Cette largeur se maintient pour deux grands milles vers l'est et diminue ensuite graduellement, jusqu'à ce qu'elle soit réduite à un mille environ qui est encore réduit à $\frac{5}{8}$ de mille par le "Salt Point." Sur les bords de la baie, l'eau est généralement bien basse, mais pour une étendue d'environ $2\frac{1}{2}$ milles, en superficie, depuis le centre jusqu'à quelque centaine de pied du rivage, il y a une profondeur de 9 à 13 pieds et plus dans quelques endroits. Il y a aussi à l'entrée une batture connue sous le nom de "Middle Ground ;" et au nord-de "Salt Point" se trouve "Shoal Point Shoal" qui s'étend du rivage, opposé dans les deux directions est et ouest. Tous ces inconvéniens, joints aux sinuosités du chenal, rendent l'entrée du havre excessivement difficile, mais le vaisseau—une fois entré—y trouve un bon havre, encaissé pour ainsi dire, dans les terres avec une bonne profondeur d'eau au centre et un bon mouillage. Mais la direction de l'entrée par rapport aux vents qui règnent, en augmentera toujours les désavantages. Il y a quelques années les battures étaient munies de bouées, mais personne ne s'étant occupé de ces bouées, elles furent bientôt emportées par la mer et les glaces. Tant que les bouées restèrent à leur place, les entrées du gardien des phares font voir qu'en 1851—243 bâtiments y sont entrés et en 1852, 240 :—mais depuis qu'elles ont disparu, le nombre des bâtiments qui y entrent est bien diminué.

Dans le cours de l'année dernière quatre vaisseaux ont été totalement perdus et deux ensablés avec perte de plusieurs existences, pendant qu'ils cherchaient à entrer ; et bien que d'après les sinuosités et les embarras du chenal il puisse arriver des accidents, même lorsque les battures sont convenablement munies de bouées, cependant il n'y a point de doute que les bouées diminueraient considérablement les risques.

M. Page recommande que les bouées soient placées comme suit :

Une grande bouée rouge sur le récif à l'est du grand phare.

Une grande bouée rouge à la pointe nord-ouest du "Middle Ground."

Une grande bouée à la pointe du "Shoal Point Shoal."

Une grande bouée formant triangle à la pointe "Calf Pasture Shoal."

Trois petites bouées sur chaque côté de cette partie du chenal située entre la grève de Weller et le Middle Ground Shoal.

Le coût probable de ces bouées avec les ancres à demeure nécessaires serait d'environ £300.

Il a été proposé d'autres améliorations très dispendieuses ; mais celles qui viennent d'être mentionnées sont autant que le mérite la nature de l'endroit.

Comme il a été récemment nommé un maître de havre, la pose et l'enlèvement des bouées, quand il en sera fourni, seront par la suite bien et dûment surveillés ; mais il est grandement désirable qu'il ait immédiatement assez d'autorité pour arrêter cette destruction de bois qui s'opère sur le côté sud de la baie et qui, si elle se continue, causera des dommages irréparables au havre.

M. Page recommande les mesures précédentes commes nécessaires pour offrir les avantages de ce havre, même dans l'état imparfait dans lequel il se trouve, aux vaisseaux qui dans le cours de leur négoce ou dans des mauvais temps y chercheront refuge. Mais il est d'opinion que vu sa position, son étendue, la profondeur de ces eaux et son bon mouillage, il mérite et il est susceptible d'être amélioré sur une plus grande échelle, assez pour en faire réellement un havre de refuge d'un accès facile. Il se propose de le faire en creusant un chenal direct, disons de trois cents pieds de large, à travers le "Middle Ground Shoal," dont il estime le coût à la somme de £6000.

Quant à la question que l'on fera naturellement pour savoir si ce chenal restera ouvert, M. Page répond que, d'après les renseignements qu'il a obtenus des anciens habitants de l'endroit, il ne s'est opéré aucun changement dans la largeur de la batterie ou la profondeur de l'eau qui s'y trouve si ce n'est celle qui provient des changements dans le niveau du lac.

Les soussignés sont d'opinion que cette importante question exigera beaucoup de recherches avant qu'il soit prudent de recommander l'ouverture du chenal ; mais sincèrement convaincus des avantages importants qui en résulteront pour le commerce des lacs, si l'on pouvait avoir un refuge assuré et d'accès facile à la Presqu'Ile, les soussignés se proposent, dans le cours de la saison, de faire faire des études et une carte complète et détaillée de la baie, indiquant les battures, les sondes, etc., qui pourront aider à former une opinion, avec quelque certitude, sur l'apropos de commencer à creuser ce chenal.

RIVIÈRES YAMASKA, NICOLET, ST. FRANCOIS, etc.

Il avait été représenté au gouvernement que la navigation des rivières Yamaska, St. François et Nicolet–toutes situées sur la rive sud du Lac St. Pierre–étaient susceptibles de grandes améliorations qui auraient entraîné bien peu de dépenses, quant à l'enlèvement des barres qui en obstruent l'embouchure ; comme les gens sollicitaient une exploration pour constater les faits, l'ingénieur du département reçut instruction de faire cette visite aussitôt que ses principaux devoirs cesseraient. Il la fit et ses rapports sont ci-annexés. (Voir appendice F.)

D'après ces rapports l'on verra que pour effectuer des améliorations de quelque importance pour la navigation de ces rivières, il en coûterait pour le Yamaska £32,750 ; pour le St François £10,000 et pour le Nicolet £10,000. Le montant considérable de ces dépenses—comparé aux avantages qui en résulteraient, et la grande incertitude qu'il y a de pouvoir entretenir libres les chenaux quand ils seront faits, ont empêché les soussignés de recommander aucune dépense sur ces rivières, dans les circonstances où se trouve actuellement la province.

L'ingénieur du département a aussi reçu instruction d'explorer les rivières du Nord, Petite Nation, Delisle, Rigaud et Aux Raisins vu que l'on assurait qu'elles pourraient être rendues navigables à peu de frais.

La saison s'étant passée sans nous donner le temps de faire ces explorations, nous en saisirons l'occasion dans le cours de cette année.

Il a été reçu et recommandé bien des demandes semblables pour certaines parties de la côte du lac Erié et du lac Huron ; entre autres, celle de la côte près de Kingsville, dans le township de Gosfield et celle de la baie Pigeon, dans la Mersea—l'une et l'autre sur le lac Erié.

Dans le dernier rapport du département, il a été fait allusion à l'apropos qu'il y aurait de faire une exploration générale de la rivière Ottawa, et de là, par le lac Nipissing et la chaîne des eaux, jusqu'à la baie Georgienne en conséquence de cette grande part dans l'attention publique qui se portait sur cette route, où l'on espérait trouver des communications par eau suffisamment grandes pour devenir la voie que suivrait une partie considérable du trafic entre le grand ouest et l'Atlantique. La législature ayant fait une appropriation à cette fin, M. Walter Shanly fut choisi comme l'ingénieur qualifié sous tous les rapports pour se charger de l'exploration et la conduire, vu sa longue expérience pratique dans les travaux de canaux. Les soussignés lui donnèrent des instructions générales. (Voir appendice G. et H.) On verra d'après ces instructions, qu'il devait s'occuper de deux objets importants—le premier et celui pour lequel originairement l'appropriation avait été faite, était de constater la praticabilité d'établir, à des frais proportionnées une communication par eau non-interrompue de la tête du canal Lachine à la baie Georgienne et de déterminer, d'après la nature de la rivière et les obstacles qu'il y aurait à surmonter, l'échelle la plus large que l'on pourrait raisonnablement adopter. L'autre était de pouvoir faire rapport sur les facilités ou difficultés qu'il y aurait à construire une ligne de chemin de fer depuis Pembroke, ou environs, jusqu'à la baie Georgienne, soit en suivant les vallées que forment les eaux dont il est parlé plus haut soit en traversant directement le pays, autant que les niveaux, etc , le permettraient.

M. Shanly ne perdit point de temps à organiser et mettre à l'œuvre quatre partis d'exploration pour les quatre sections de la ligne qui lui étaient respectivement assignées. L'exploration s'est continuée tout l'hiver, qui convient bien pour cette partie du devoir. L'éloignement dans lequel se sont trouvés certains partis de tout établissement et les grands frais encourus pour transporter les provisions nécessaires ont inévitablement eu l'effet de grossir beaucoup les dépenses. La somme votée est épuisée ; dès que cela a été connu, les soussignés prièrent M. Shanly de faire un état approximatif des dépenses totales qu'il faudrait pour terminer l'exploration telle que commencée, et il fixa ces dépenses à £42,000. Les soussignés firent immédiatement un rapport sur le sujet, et reçurent instruction de ne pas encourir plus de dépenses qu'il n'en fallait pour approvisionner les partis qui ne pouvaient revenir, jusqu'à ce que la décision de la législature fut connue.

Les soussignés désiraient pouvoir dans l'intérim annexer à ce rapport celui de M. Shanly qui aurait indiqué le caractère du pays et des rivières etc., autant que le progrès de son exploration lui aurait permis ; mais d'après une lettre récemment reçue de lui, il paraît qu'il ne se saurait l'entreprendre avant le milieu du mois prochain.*

Dans le but de contribuer au développement des richesses minérales et des ressources que présentent les terres qui bordent le lac Supérieur et en considération des recherches qui se poursuivent actuellement devant un comité de la chambre des communes sur le territoire du nord ouest ; les soussignés suggèrent s'il ne serait pas désirable de faire faire un rapport sur le caractère de la navigation depuis le chenal nord du lac Huron, au nord de l'île St. Joseph, jusqu'aux Sault Ste. Marie et de là jusqu'à l'entrée du lac Supérieur, dans la vue de constater, s'il est possible, ce qu'il en coûterait pour une voie de communication canadienne, du lac Huron au lac Supérieur.

Le tout respectueusement soumis,

F. LEMIEUX,
Commissaire en chef.

HAMILTON H. KILLALY,
Assistant-commissaire.

Departement des Travaux Publics,
Toronto, 23 mars, 1857.

---

* Note —Un rapport *ad interim* de M. Shanly, daté le 19 du courant, a été reçu ce jour et est annexé. (Vo1 pendice—Lettre I.)

No. 1.

ETAT des travaux du Canada sous le contrôle du département des travaux pu_blics, et qui produisent un revenu, indiquant le coût de la construction, sous la direction de ce département, jusqu'au 1er janvier 1857,—les dépenses de l'année 1856,—aussi les frais de réparations et de régie.

TRAVAUX.	Frais de construction, jusqu'au 1er Janvier, 1857.			Dépenses faites en 1856, comprises dans la colonne précédente.			Frais de réparations et de régie en 1856.		
	£	s.	d.	£	s.	d.	£	s.	d.
CANAUX.									
Welland	1077111	2	10	15663	16	4	24870	19	3
CANAUX DU ST. LAURENT.									
Dépenses générales.	17918	14	8	2096	3	11	.....		
Williamsburg	271222	13	9	4019	6	1	2054	4	5
Cornwall	110579	11	3	4521	5	8	2972	0	0
Beauharnois	380933	4	6	15601	19	11	5362	17	8
Lachine	489275	12	1	7539	10	5	6593	12	5
De Jonction	46825	11	4	8045	14	6	.....		
Des Chats.	56778	18	8	25625	8	7	.....		
Chambly	16863	6	3	.....			2227	6	4
St. Ours	38219	8	3	.....			1338	12	6
Baie de Burlington	59370	10	7	2572	2	7	2335	4	2
St. Anne	25567	2	8	1906	14	0	325	18	9
GLISSOIRES, &c.									
Ottawa	119730	6	1	2082	6	5	1993	5	0
St. Maurice	52115	16	7	3416	14	8	1496	12	11
Trent	88025	19	0	.....			221	1	2
HAVRES.									
Port Stanley	47550	1	10	12173	13	8	.....		
Ecluse de Scugog	.....			9486	12	2	.....		
£	2898088	0	4	114751	8	11	51791	14	7

No. 2.

ETAT des travaux du Canada, sous le contrôle du département des travaux publics, et qui ne rapportent aucun revenu, indiquant la somme dépensée sur iceux jusqu'au 1er janvier 1856, et la dépense depuis cette date jusqu'au 1er janvier, 1857.

TRAVAUX.	Dépenses jusqu'au 1er Janvier 1856.			Dépenses jusqu'au 1er Janvier 1857.		
	£	s.	d.	£	s.	d.
Edifices publics, loyers, réparations	30902	19	8	6983	10	3
Do ameublements, etc				5911	5	0
Maison du Parlement, Toronto	51392	11	8	2892	8	10
Maison du gouvernement do				9246	13	5
Maison de douane, do	965	9	11	174	0	0
Bureau de poste, do	6349	16	1	182	18	0
Palais de justice, Montréal	56195	6	11	12917	9	4
Bureau de poste, Québec	4013	1	7	16	1	0
Hôpital de marine, do	10998	2	2	2925	1	3
Maison de douane, do	3068	18	4	17907	7	3
Prison et cour de justice, Québec	7144	15	1	1186	5	10
FLEUVE ST. LAURENT.						
Bateaux remorqueurs, sur le haut du fleuve	20530	13	7	6632	1	4
Do dans le bas du fleuve	26569	5	7	35304	10	0
Débarcadères	167460	17	4	18444	16	7
Emigration	1954	8	0	1170	17	0
PHARES.						
Phares en bas de Québec	38567	4	2	31348	9	9
Appareils pour les phares en bas de Québec				10840	0	0
Phare de la Pointe Pelée				3213	12	9
Phares à l'intérieur	28329	18	5	1609	0	4
Phares, Lac Huron	5642	9	11	13659	14	8
Jetées et havres, Lac Huron				9929	15	2
Appareils pour les Phares, Lac Huron				9036	9	8
HAMILTON.						
Bureau de poste	10249	2	7	1948	14	11
Douane	2015	2	9	200	0	0
CHEMINS.						
St. Laurent et Nouveau Brunswick	3614	11	9	7903	0	3
Métis et Métapédiac				850	0	0
Escoumains et Baie des Roches				500	0	0
Malbaie et Grande Baie				500	0	0
Gaspé				14	10	4
Kempt				195	19	0
TRANSLATION A TORONTO	15536	0	9	27687	5	4
STEAMERS OCEANIQUES	27809	10	9	22978	9	2

No. 2.—(*Continuation.*)

TRAVAUX.	Dépenses jusqu'au 1er Janvier 1856.			Dépenses jusqu'au 1er Janvier 1857.		
KINGSTON.	£	s.	d.	£	s.	d.
Douane	...	....		2269	14	4
Bureau de poste...........................		....		2512	0	10
Asile des aliénés..........................		....		653	3	4
DIVERS.						
Arbitrages................................	68515	19	3	1665	11	1
Arpentages....	5069	3	11	337	4	10
Hôtel du Parlement, Québec................				207	7	9
Pont du St. Maurice......................		....		61	10	4
Ecole nautique....	6369	17	5	62	10	0
Observatoire, Québec......................		....		1	7	0
Etablissement de la ligne frontière, Canada et Nouv. Brunswick	8240	15	8	39	17	0
Réclamations, canal Chambly...............	260	10	8	25	3	9
Améliorations, St. Laurent.................	6151	4	0	443	2	1
Améliorations, Durham Terrace, pour travaux, 1855..........	3111	0	6	23	19	6
Propriété Bonner, Québec..................	5445	18	4	212	17	6
Observatoire, Toronto.....................	3033	2	2	429	16	5
Etudes du canal St. Laurent et Champlain..................	6259	8	11	1014	5	6
Asile des aliénées, Toronto................				2314	14	6
Collége de médecine, Toronto..............		....		774	0	5
Cure-môle, pompes mues par la vapeur, etc.................				3019	10	8
Goëlette " Canadienne "	3198	2	2	329	1	0
Abus pour les canons, Ottawa.............				128	15	6
Do do Québec................				396	9	1
Do do Toronto...............				869	0	4
Améliorations, navigation de l'Ottawa......				933	17	11
Do rapides du St. Laurent..........				7164	3	1
Collége du Haut-Canada..................				31	10	4
Maison de la Trinité, Québec..............				2000	0	0
Rapides du Richelieu.....................				26	10	0
Exploration de l'Ottawa...				5007	8	7
Provisions pour les marins naufraugés......				464	0	0
Terrains de l'avenue du collége............				624	18	0
Ecole normale, Montréal..................				121	14	11
Bâtisses de l'Université, Toronto...........		....		173	16	6
.... £				298649	9	4

No. 3.

Ётат détaillé des dépenses faites depuis la date du dernier rapport, pour l'érection, réparations et entretien des phares de la province qui se rattachent à la navigation intérieure et en bas de Québec, pour l'année 1856.

No.	Nom du phare.	Nom du gardien.	Montant du salaire payé.			Approvisionnements et réparatio̊ns.			Total.		
			£	s.	d.	£	s.	d.	£	s.	d.
1	Quai de Lachine .... }	John Norton........	90	18	9	26	9	9	117	8	6
2	Phare flottant .... }										
3	Chauteauguay No. 2.......	Pierre Landre	59	7	6	63	5	4	122	12	10
4	Do No. 3........	Benjamin Picard	59	7	6	81	5	8	140	13	2
5	Beauharnois..............	Joseph Meloche .. .	53	8	9	127	10	8	180	19	5
6	Grosse Pointe............	Peter Shannon......	108	15	0	267	3	7	375	18	7
7	Pointe Mackie..	Alexander McDonald	41	11	3	25	2	10	66	14	1
8	Cherry Island.............	E. S Johnson......	108	6	3	119	16	9	228	3	0
9	Lancaster Pier............	Thomas Hill........	80	18	9	48	4	7	129	3	4
10	Coles Shoal	Richard Elliott.....	33	15	0	195	14	6	229	9	6
11	Grenadier's Island.......	Joseph Austen......	22	10	0	79	2	4	101	12	4
12	Fiddler's Elbow Island	James Landon	22	10	0	79	1	7	101	11	7
13	Lindoe Island..........	Joseph Landon ...	22	10	0	79	1	11	101	11	11
14	Gananoque Narrows...... }	Cornelius Cook.... {	22	10	0	79	2	11	101	12	11
15	Jack Straw Shoal .... }		22	10	0	78	19	4	101	9	4
16	Spectacle Shoal .... }	Hiram Cook...... {	22	10	0	80	0	6	102	10	6
17	Red Horse Rock .... }		22	10	0	79	0	9	101	10	9
18	Burnt Island..............	Joseph Mervin.....	22	10	0	79	0	5	101	10	5
19	Nine Mile Point.......... {	Geo B Sparham.. } Juhn Dunlop...... {	26	5	7	} 129	11	9|	242	14	10
			86	17	6						
20	False Ducks	Joseph Swetman....	127	10	0	166	8	10	293	18	10
21	Point Peter Long Point	W. A. Palin	102	16	3	179	2	3	281	18	6
21½	Scotch Bonnet	John Giroux	...	..	..	229	6	7	229	6	7
22	Presqu'Isle	Wm. Swetman, sen..	81	2	4	142	0	4	223	2	8
22½	Do 2 Range Light..	Wm. Swetman, jun..	62	7	6	42	12	3	104	19	9
23	Gull Island	George Rodilick.....	103	8	9	91	18	10	195	7	7
24	Gibraltar Point	George Durnan	103	6	3	115	5	8	218	11	11
25	Baie de Burlington........	John Davidson.....	100	0	0	172	18	7	272	18	7
26	Port Dalhousie............	Jonathan Woodall...	77	3	9	80	8	0	157	11	9
27	Port Colborne.............	James Fortier.......	77	3	9	150	18	3	228	2	0
28	Mohawk Island...........	John Burgess......	105	6	3	119	15	11	225	2	2
29	Port Maitland.............	Charles D. Parnell..	56	17	6	82	7	8	139	5	2
30	Port Dover	William Fifield	...	..	...	76	11	2	76	11	2
31	Longue Pointe........... {	Moses Newkirk.... } Henry Clarke... {	63	15	0	134	17	9	198	12	9
32	Do Phare flottant....	Peter Baikie.	182	15	0	43	5	9	226	0	9
33	Port Burwell	Alex. Sutherland....	76	5	0	49	12	6	125	17	6
34	Port Stanley..............	Francis Mitchell....	29	4	4	25	0	4	54	4	8
35	Isle Pelée...............	James Cummins	105	6	3	142	10	1	247	16	4
36	Bois B'anc	James Hackett	124	1	3	48	5	3	172	6	6
37	River Thames	Thomas Cartier....	124	1	3	82	15	1	206	16	4
38	Goderich .... {	Thomas Brady.... } Humphry Fidler ... {	85	0	10	81	9	3	166	10	1
39	Chantrey Island............	Robert Mills	...	..	...	...	..	...	...	..	..
40	Isle of Coves	John Alanson.......	...	..	...	...	..	...	...	..	...
41	Isle Nottawasaga...........	Arch. McDugal	...	..	...	...	..	...	...	..	..

No. 3.—(*Continuation.*)

No.	Nom du phare.	Nom du gardien.	Montant du salaire payé.			Approvision- nements et réparations.			Total.		
	En bas de Québec.		£	s.	d.	£	s.	d.	£	s.	d.
42	Belle Isle	D. Vaughan	18	15	0	126	2	9	144	17	9
43	Anticosti	D. Ballantyne	19	2	0	126	10	1	145	12	1
		John Harvey, asst.									
44	Baie Forteau.	Jno. Blampied	29	7	8	125	10	1	154	17	9
		A. Dussault, assist.									
45	Cap Rosier	Eugène Trudeau ..	......			126	0	5	126	0	5
		L. Lemieux, assist									
			2784	7	9	4479	8	10	7263	16	7
	Administration, frais de voyage, fret, etc..............		......			910	9	8	910	9	8
			2784	7	9	5389	18	6	8174	6	3
	Moins :—Ce montant d'approvision. pris dans le magasir.		......			239	8	10	239	8	10
			2784	7	9	5150	9	8	7934	17	5
	FRAIS D'ERECTION.										
	Phares en bas de Québec............................		......			......			31348	9	9
	Appareils de phares en bas de Québec................		......			......			10840	0	0
	Phare de la Pointe Pelée....,..........		......			......			3213	12	9
	Phares de l'Intérieur................................		......			......			1609	0	4
	Phares du lac Huron..........		......			......			13659	14	8
	Phares et quais du lac Huron........................		......			......			9929	15	2
	Appareils de phares du lac Huron..................		......			......			9036	9	8
			2784	7	9	5150	9	8	87571	19	9

No. 4.

Etat des sommes payées comme indemnités pour dommages résultant de chacun de ces travaux, depuis la date du dernier rapport,—aussi les sommes payées aux arbitres ou commissaires, pour services et dépenses, jusqu'au 1er janvier 1857.

	£ s. d.	£ s. d.
Canal Lachine	591 12 11	
Canal Welland	550 0 0	
		1141 12 11
Montant payé à Adolphe Larue, commissaire nommé pour régler les réclamations pour dommages à des terres......		
Dommages	365 18 10	
J. T. Taschereau	30 0 0	
G. O. Stuart....	30 0 0	
W. K. Brensden....	27 0 0	
Autres dépenses................................	70 19 4	
		523 18 2
£		1665 11 1

N. B.—Les sommes ci-dessus sont comprises dans l'état No. 1, Welland et Lachine ; aussi dans l'état No. 2, Arbitrages.

No. 5.

Etat indiquant le montant total dépensé par le département des travaux publics, pendant l'année 1856, tel que détaillé dans les états ci-dessus numérotés 1, 2 et 3.

	Réparations et Entretien.	Construction.	Total.
	£ s. d.	£ s. d.	£ s. d.
Etat No. 1.....................................	51791 14 7	114751 8 11	166543 3 6
Do No. 2..................................... ..	... .	232563 11 10	232563 11 10
Do No. 3.....................................	8174 6 3	....	8174 6 3
£	59966 0 10	347315 0 9	407281 1 7

APPENDICE.

A.

DÉBOUCHÉS AU COMMERCE DE L'OUEST.

Par T. C. Clarke, Ecr., Ingénieur Civil.—Pour nous convaincre de la grandeur future du commerce de l'ouest, nous n'avons besoin ni d'illustration ni d'argument. Son grand développement depuis les vingt dernières années, de rien qu'il était à une valeur de trois ou quatre cent millions de piastres, est de lui-même un fait si étonnant que nous sommes prêts à accepter, sans incrédulité, les spéculations les plus surprenantes. L'accroissement de Chicago—principal point de ralliement de cette région qui, d'un misérable village de baraques qu'il était, avec une poignée des parasites ordinaires d'un avant-poste militaire, est devenu grande cité de près de cent mille habitants et dont le port voit arriver et partir tous les jours un nombre de vaisseaux qui n'est surpassé que par New York— est un autre phénomène de l'ouest qui embarrasse le fermier paisible de la Nouvelle Angleterre et le planteur à l'allure aisée du vieil empire.

Ce n'est que depuis que l'ouverture du canal Erié, en 1825, a fait baisser de prix les moyens précaires et dispendieux de transport alors existants entre l'Océan et le pied du lac Erié, que les flots de l'émigration ont commencé à se diriger avec force vers le nord-ouest—depuis cette époque jusqu'à environ 1840, les exportations de ces régions ont été peu considérables,—le surplus des produits passant tout pour la consommation de la foule toujours croissante des nouveaux colons.

Durant les quinze dernières années, le temps et l'effet des améliorations faites avec jugement ont tellement développé les ressources de ce pays, que la valeur du trafic du lac s'est portée, dans les dix années de 1840 à 1850, de $60 à $300,000,000, et si elle eût continué à augmenter dans cette proportion, elle devrait atteindre aujourd'hui la valeur de $450,000,000. Le nombre total des tonneaux transportés des Etats de l'ouest aux ports de mer, *via* canal Erié, s'est porté de 158,148 tonneaux, qu'il était en 1840 à 1,213,690, en 1853. M. J. B. Jervis estime que ce trafic doublera dans les six prochaines années et quadruplera dans les quinze autres années ; de manière qu'en 1870 il y aura vers l'est un mouvement de cinq millions de tonneaux, l'excédant du produit du nord-ouest ; et si tout ce trafic se fait par le canal Erié, le mouvement annuel excéderait le total de neuf millions de tonneaux.

Quiconque considère combien est petite et insignifiante cette partie du territoire maintenant occupée et sous culture, dans ces vastes contrées qui sont tributaires du commerce des lacs, ne peut douter sur l'exactitude de cette estimation et que, si elle est erronée, c'est d'être restée en deçà du chiffre réel. On peut dire en toute sûreté que dans cette région où se trouvent, suivant des estimations variées, 550 à 700,000 milles carrés d'un territoire fertile, il n'y a pas la douzième partie qui soit actuellement habitée et encore d'une manière bien disséminée. Que ne pouvons nous pas attendre d'un pays qui peut nourrir 20,000,000 d'habitants ?

Bien qu'il y ait peu de personnes qui puissent apprécier la valeur immense du prix en contestation, cependant différentes sections du pays, depuis déjà longtemps, ont fait des tentatives pour s'attirer le commerce de l'ouest. Les deux routes naturelles qui conduisent de ce grand bassin de l'intérieur à l'océan, sont le Mississippi et le St. Laurent. A ces routes on peut en ajouter une troisième—cette grande et unique crevasse dans la chaîne des Alleghany où a pénétré la rivière Hudson et ses tributaires. Bien qu'au premier coup d'œil, cette route n'apparaît pas avec tous les avantages des autres, elle en possède cependant de bien grands que la nature lui a départis, et peut soutenir une comparaison bien favorable avec elles, ainsi que l'on peut l'inférer du fait que les dépenses énormes qu'il a fallu faire pour franchir les rapides du St. Laurent et les chutes de Niagara ont été considérablement plus grandes que le coût premier du canal Erié.

La route du Mississippi, quoiqu'elle n'exige pas autant d'améliorations artificielles, a des désavantages très sérieux ; l'un de ses désavantages est la nature si variable de ses tributaires qui pour une moitié de l'année débordent de leurs lits, et pour l'autre sont à sec. Il est difficile de dire si l'homme peut y remédier, ceux qui s'intéressent à ce sujet peuvent consulter les essais précieux de Charles Ellet, fils, sur les améliorations à faire à la navigation du Mississippi et de l'Ohio.

Une objection plus sérieuse contre le Mississippi, comme débouché du nord ouest, se trouve dans le fait que les eaux chaudes de l'embouchure de cette rivière et de tout le golfe du Mexique contribuent peu à la conservation des céréales, qui constituent le grand article d'exportation de l'ouest. M. McAlpine, dans son rapport sur les canaux pour 1852 et 53 a fait voir que lorsque le canal Erié sera agrandi, les céréales de l'ouest pourront être transportées, à partir d'un point aussi méridional que le confluent de l'Ohio et du Mississippi, à plus bas prix sur les marchés de New York que sur ceux de la Nouvelle Orléans,—pendant que les produits du cochon, qui n'est pas tué assez de bonne heure dans l'automne pour atteindre la ligne des eaux du nord avant qu'elles soient fermées par les glaces, continueront à suivre la voie du Mississippi.

Le St. Laurent est l'autre ligne d'eau qui rivalise pour le commerce de l'ouest ; mais si nous examinons quelle somme de produits suit cette route, nous verrons que non seulement elle n'attire aucune partie du commerce des Etats de l'ouest mais quelle perd même rapidement celui du Haut-Canada.

Avant 1850, la plus grande partie du commerce du Canada ouest se faisait par Montréal et le St. Laurent, et le commerce avec les Etats-Unis était presque insignifiant ; mais aussitôt que les produits canadiens eurent perdu toute protection sur les marchés anglais et que les droits différentiels en faveur du St. Laurent eussent été abolis, commença entre les deux pays un commerce qui s'est considérablement étendu par l'opération de l'acte d'entrepôt des Etats-Unis, qui entra en force en 1850, et le traité de réciprocité en 1855. L'effet de ces deux mesures a été de détourner le commerce du Canada ouest de la voie du St. Laurent pour les canaux et les chemins de fer de New York.

En 1854 la valeur des importations par le St. Laurent était..$21,171,752
Celle des exportations 12,501,372

Valeur totale du trafic...........$33,673,228

En 1855 la valeur des importations par le St. Laurent était...$11,494,028
Celle des exportations...................................... 6,975,500

Valeur totale du trafic...........$18,469,528

Durant les mêmes années, le commerce réciproque avec les Etats-Unis était comme suit :

En 1854 la valeur des importations des E. U. était.... ....$13,553,096
Celle des exportations aux Etats-Unis............. 18,418,000

Valeur totale du trafic...... .....$23,971,096

En 1855 importations des Etats-Unis.................................$20,825,432
Exportations aux Etats-Unis..... 20,002,288

Valeur totale du trafic..........$40,827,720

Ainsi, en une année, le commerce du St. Laurent a perdu une valeur de $15,203,600, pendant que le commerce des Etats-Unis a gagné une valeur de $16,856,624. Une semblable révolution dans la marche du commerce est une chose remarquable.

Une partie de ce changement est dû au grand tronc de chemin de fer qui permet aux marchands du Bas-Canada de faire leurs importations de printemps par Portland, avant l'ouverture de la navigation dans les canaux; mais le montant est peu important, comparé à ce qui passe réellement par l'état de New York.

Nous prendrons donc comme un fait établi qu'aujourd'hui " le commerce de l'ouest ne cherche plus de débouché dans les eaux orageuses et couvertes de glaces du St. Laurent, qu'il ne brave plus les dangers du Mississippi, pour se rendre aux rivages brûlants du golfe du Mexique, mais qu'il suit en général la chaîne des grands lacs jusqu'au chenal profond du canal Érié, et trouve dans les bas fonds de la vallée Mohawk le seul passage praticable que présente la chaîne des Alleghany. Nous nous proposons, dans les limites de cet article, de prendre le commerce de l'ouest au point où l'a laissé M. McAlpine, il y a deux ans, dans ses rapports excellents sur les canaux de New York, et examinerons les nouvelles routes qui se sont offertes à l'attention publique depuis qu'il a écrit; nous les comparerons les unes aux autres et même à celles qui existent déjà.

Prenant Chicago comme point de départ nous avons maintenant deux lignes de communication par eau avec New York—une viâ Buffalo et le canal Érié, l'autre viâ canal Welland et Oswego. Mais l'esprit d'entreprise des marchands de l'ouest n'est pas content des routes qui existent et en demande des nouvelles pour trois raisons.

D'abord, calculant sur l'augmentation probable de leur commerce, ils croient qu'avant beaucoup d'années le canal Érié élargi sera encombré de trafic ainsi que l'était l'ancien.

Secondement. Ils croient dans l'effet salutaire de la concurrence et n'aiment pas à voir le seul débouché qu'ils ont en la possession de personnes sur lesquelles ils n'ont point de contrôle. Ils se rappellent l'effet que produisit l'ouverture des canaux canadiens en réduisant les péages sur le canal Érié, et que, sans ces canaux, toute la contrée nord-ouest serait chaque année surchargée d'une taxe onéreuse tant pour les exportations que pour les importations. M. Andrews dit qu'en 1851, la réduction des péages sur le fer des chemins de fer se montait à $553,955, et à $512,830 sur le blé et la fleur, ou près $1,067,000 de moins qu'ils n'auraient été d'après le tarif de 1854, avant l'ouverture des canaux Welland et du St. Laurent.

Finalement L'expérience a prouvé que plus les vaisseaux sont grands plus les frais de transport sont légers. Cette assertion comme de raison a ses limites, l'expérience seule peut décider quel est l'exacte dimension du dessin qui sera le plus économique. L'état actuel de nos connaissances nous fait regarder le propeller comme un moyen de transport moins dispendieux que le bateau aux roues latérales ou le voilier. et que les propellers de 800 tonneaux et plus, seraient de beaucoup plus économiques que ceux de 400, qui sont les plus grands qui passent actuellement dans les écluses du canal Welland.

Il est difficile de dire le montant qui serait épargné, mais les plus intelligents agents de transports de l'ouest disent que dans un voyage de 1100 milles, de Chicago à Buffalo, si les recettes brutes d'un vaisseau de trois cents tonneaux sont de $1237 50—le profit net serait de $500; pendant qu'un vaisseau de 600 tonneaux, sur des recettes brutes $2505, retirerait net $1600. L'épargne dans le cas constituerait les $\frac{9}{10}$ d'un mille par mille, si nous supposons qu'il se transporte annuellement sur les lacs un *million* de tonneaux pour la distance de 1000 milles, dans des vaisseaux de 300 à 400 tonneaux, et doublant ainsi les dimensions des vaisseaux, ce serait sauver au commerce tous les ans, $900,000. Nous n'avons point de moyens de prouver l'exactitude de cette estimation, mais nous sommes portés à croire que le résultat général en est diminué. Les dimensions des vaisseaux se trouvent limitées aujourd'hui par la profondeur d'eau qu'il y a dans les havres des lacs et sur les bas fonds de St. Clair, ainsi que dans les écluses du canal Welland. A part ces arguments, en faveur de l'amélioration des routes actuelles et l'ouverture de nouvelles routes, qui s'adressent surtout aux habitans des Etats de l'est et de l'ouest, le peuple du Canada a des raisons encore plus pressantes.

Nous avons vu que les canaux Welland et St. Laurent apportent tous les ans au trafic un bénéfice de plus de $1,000,000. Durant les cinq dernières années, ces canaux ont coûté à la province du Canada $2,610,780, pour réparations et dépenses générales. Les recettes durant la même période ont été de $1,835,536 indiquant un déficit de $775,224 qui, ajouté à $3,700,000 qui constituent l'intérêt sur le coût durant cette période, se monte à $4,475,224 ou une perte annuelle de $895,000. Même en supposant que le " compte de construction serait fermé " et que les dépenses annuelles sur les canaux seraient arrêtées, l'intérêt sur leur coût actuel est de $820,000, et les recettes nettes, déduction faite des frais de perception et d'administration, ne sont que de $220,000.

Il parait donc que si, en ouvrant de nouvelles routes, la circulation sur les canaux Welland et du St. Laurent doit augmenter, le peuple du Canada a un profond intérêt à presser l'exécution de ces plans et à y prêter son aide.

Il y a trois nouveaux projets. Le premier est d'ouvrir un canal à vaisseaux du St. Laurent au lac Champlain, aussi l'idée d'agrandir le canal Welland jusqu'à des dimensions suffisantes pour laisser passer des propellers et bateaux à vapeur de 800 à 1000 tonneaux.

Le second est de construire un canal à vaisseaux de la baie Georgienne dans le lac Huron jusqu'au lac Simcoe, de là, traversant cette étroite lisière de pays qui le sépare du lac Ontario, jusqu'aux eaux de ce lac.

Le troisième plan est d'ouvrir une navigation à propeller sur la même échelle depuis le lac Huron, *viá* la rivière des Français, jusqu'au lac Nipissing et de là descendant l'Ottawa jusqu'à Montréal.

Le canal du St. Laurent et du lac Champlain a été sous discussion pendant quelques années, et des ingénieurs canadiens et américains ont fait de bien bons rapports sur les travaux projetés. Après quelques différences d'opinion sur l'endroit où il devrait être tracé, les commissaires des travaux publics en Canada ont adopté une ligne commençant à St. Jean sur le Richelieu, à l'extrémité inférieure du lac Champlain et courant de là vrai nord, par cette rivière et le canal actuel de Chambly, pour l'espace de neuf ou dix milles, et delà vers l'ouest jusqu'au fleuve St. Laurent au lac St. Louis, près du village des sauvages de Caughnawaga qui a donné son nom au canal. Toute la distance est de trente deux milles et demi et la différence de niveau vingt-neuf pieds, et il serait directement alimenté par le lac Champlain. Les écluses seraient assez larges pour admettre des vaisseaux de 800 à 1000 tonneaux et le coût en est évalué à deux ou trois millions de piastres.

En rapport immédiat avec le projet de Caughnawaga vient l'agrandissement ou plutôt la reconstruction du canal Welland,—car la proposition est d'élargir et de creuser le canal actuel depuis le lac Erié jusqu'à Thorold sur le bord de la montagne, et de se diriger par une route nouvelle et indépendante jusqu'à la ville de Niagara justement au-dessus de l'embouchure de la rivière Niagara. On pense que ces travaux ne seraient pas plus dispendieux que l'élargissement projeté du canal actuel, pendant que ce plan aurait l'avantage de ne point interrompre la circulation et d'en doubler pratiquement la capacité, et trouverait un meilleur havre que celui que l'on a actuellement sur le lac Ontario.

Les canaux Welland et du St. Laurent, ont coûté à la province du Canada jusqu'à l'époque actuelle, y compris l'intérêt, $13,668,000 et, comme nous avons vu, ils ne paient pas deux pour cent sur les déboursés, quoi qu'ils soient d'un vaste profit pour le commerce en général. Beaucoup de personnes croient qu'une dépense de $3,000,000 sur le canal de Caughnawaga, $6,000,000 sur l'agrandissement du canal Welland attirerait sur la route canadienne une somme de trafic assez grande pour en porter le profit à six pour cent sur le total des déboursés— $23,000,000 ; car ils maintiennent tous que ce serait une route plus courte et moins dispendieuse pour New-York que celle qui existe actuellement.

Ainsi qu'on le verra d'après nos recherches, à quelques pages plus loin, ce calcul est parfaitement correct, pourvu que l'état de New-York consente à élargir le canal Champlain actuel de Whitehall à Waterford, sur l'Hudson—d'après la même échelle que le canal canadien en projet, et faire dans la rivière toutes les améliorations qui la rendront navigable pour les vaisseaux de la classe qui passeront dans le canal. M. Andrews calcule que l'état de New-York retire un revenu annuel de $450,000 en droits de péages sur les articles de commerce canadien qui passent par les canaux Oswego et Erié.

La plus grande partie de cette somme serait perdue pour cet état, si les canaux du Champlain étaient construits, à moins, dans le fait, qu'il impose un péage aussi onéreux pour retirer l'intérêt des sommes qu'il lui coûte et se rembourser en outre des deniers que les canaux d'Oswego et Erié lui ont fait perdre. Mais cela pourrait se faire sans rendre la nouvelle route plus coûteuse que l'ancienne ; de là il semble probable que l'état de New-York n'agrandira pas le canal Champlain avant que les canaux d'Erie et Oswego aient plus de trafic qu'ils ne pourront en faire, et il serait évidemment imprudent pour le gouvernement canadien d'entreprendre des travaux aussi dispendieux, s'il n'est pas certain que l'état de New-York voudrait co-opérer avec lui.

Cependant ce n'est là qu'une question de temps ; mais il y a un autre point de vue sous lequel nous pouvons envisager le canal de Caughnawaga comme n'ayant point besoin du canal de Champlain comme adjoint nécessaire. Nous pouvons le considérer comme voie ouverte au commerce entre les Etats de la Nouvelle Angleterre et l'ouest ; ce commerce est déjà considérable et le devient de plus en plus chaque année, à mesure que ces états se livrent plus aux manufactures et moins à l'agriculture. Un comité de la législature du Massachusetts, qui vient de faire rapport sur le tunnel projeté de Hoosac, estime que le trafic annuel de cet état seul se monte à 800,000 tonneaux. C'est une estimation trop grande ; mais il est plus sûr de dire que sur les 4,000,000 de tonneaux qui passent chaque par année la vallée de la Mohawk, près de la moitié sont pour la Nouvelle Angleterre.

Le chemin de fer d'Ogdensburg a été construit avec les capitaux de Boston, dans l'espoir qu'il deviendrait une voie favorisée par ce trafic ; mais il n'a jamais pu lutter contre les voies de communication par eau. D'après son dernier rapport, il paraît que le total du montant du frêt de parcours, allant est et ouest sur ce chemin, n'était que de 86,000 tonneaux l'an dernier. La balance se fraye un chemin, par la vallée de la Mohawk jusqu'à l'Hudson, une très petite quantité passe sur le chemin de fer d'Albany et Boston, et la masse se dirige vers New-York, pour être expédiée de là aux différents ports de la Nouvelle Angleterre.

Les partisans du canal de Caughnawaga pensent que le frêt pourrait être déchargé dans les ports du lac Champlain—Burlington et Whitehall—et distribué par chemin de fer dans la plus grande partie de la Nouvelle Angleterre, à meilleur marché qu'il ne pourrait être transporté par le canal actuel du Champlain et par la voie de New-York. New-York se trouverait alors obligé pour ses propres intérêts de compléter sa navigation à vaisseaux pour empêcher que son trafic ne soit intercepté par les chemins de fer de la Nouvelle Angleterre.

Bien peu de personnes considèrent la carte de nos grands lacs sans remarquer du premier coup d'œil combien sont proches du lac Ontario, la Baie Georgienne du lac Huron et le lac Simcoe qui se décharge dans ce dernier lac. En faisant une tranchée d'environ 50 milles à travers l'isthme, on épargne 400 milles de route entre Chicago et Oswego. Et c'est pour cette raison que l'on parle depuis si longtemps d'un canal en cet endroit. L'année dernière le projet fut de nouveau agité, et il y eut une convention de délégués d'Oswego et de Chicago pour en conférer.

Après un examen attentif on s'aperçut que ce n'était pas une navigation aussi facile qu'elle avait paru au premier coup d'œil. Le lac Simcoe est à 475 pieds au dessus du lac Ontario et 110 pieds au dessus du lac Huron, ce qui forme un total de 585 pieds d'élévation à réduire par écluses, contre 360 pieds que le canal Welland et la rivière St. Clair présentent. D'ailleurs il y a entre les lacs Simcoe et Ontario, une élévation que l'on ne saurait passer au moyen d'écluses, faute d'une quantité suffisante d'eau pour approvisionner le sommet et qui ne s'obtiendrait qu'en pratiquant un conduit alimentaire jusqu'au lac Simcoe. D'après un ingénieur, qui a fait quelques explorations préliminaires, il faudrait faire une tranchée d'environ 290 pieds pour un mille et demi, et d'environ 50 pieds en moyenne pour six milles et demi. Ceci semblerait un obstacle formidable, mais nous croyons que les amis du projet n'y attachent pas toute cette importance. La longueur de la navigation artificielle est estimée à 94 milles et, comparé avec le coût d'autres travaux, celui de ces travaux est estimé à $25,000,000. On comprend qu'il s'en fait dans le moment des études et des estimations attentives; quand elles seront connues je pourrai parler avec plus de certitude sur la praticabilité de ce plan.

Un autre plan qui jouit d'une grande faveur chez le peuple du Bas-Canada, c'est l'amélioration de la navigation de l'Ottawa jusqu'au lac Huron. La distance serait bien abrégée. De Chicago à Québec, par le canal Welland, il y a 1657 milles; par la route d'Ottawa 1176, ou 481 milles de moins. De Chicago à New-York, par la voie de l'Ottawa et Champlain, il y a 1358 milles ou 257 milles de moins que par le canal de Buffalo et Erié.

Quant à la possibilité d'améliorer cette ligne de navigation de manière à recevoir des embarcations de 800 tonneaux et plus à un prix raisonnable, il est impossible d'en parler avec exactitude, avant que des ingénieurs sur lesquels on peut compter en aient fait une exploration correcte. Le gouvernement canadien a annoncé que c'était son intention de le faire prochainement. S'il y a quelque grande difficulté, ce sera de se rendre de l'Ottawa au lac Nipissing sans faire de tranchées trop dispendieuses. Sous d'autres rapports la route paraît avantageuse. L'Ottawa est une rivière importante qui a une grande étendue, traverse avec un léger courant des lacs de vingt à cinquante milles de long, séparés les uns des autres par des chutes et des rapides qui ne sont pas bien longs.

Les seuls rapports scientifiques que nous ayons sur l'Ottawa sont ceux de M. Hawkins, ingénieur qui en fit la visite en 1838, et ceux qui se rattachent à l'exploration géologique de la province. D'après ces rapports, il paraît que toute la distance de Montréal au lac Huron est de 421 milles, sur lesquels il y en a 60 qui sont interrompus par des rapides et des chutes,—le total des montées et descentes est d'environ 700 pieds.

Sur ces soixante milles de navigation obstruée, vingt milles ont déjà été améliorés; mais le canal Lachine seulement, huit milles et demie de long, est assez grand pour admettre des vaisseaux de 800 à 1000 tonneaux. L'écluse de Ste. Anne n'est pas assez profonde, les canaux de Grenville et de Rideau, dans la cité d'Ottawa, ont des écluses de 33 pieds de largeur seulement. Le gouvernement y construit actuellement un canal sur l'échelle de ceux du St. Laurent, de trois milles de long, entre les Chats et le lac Chaudière, vingt milles au-dessus de la cité d'Ottawa. Ceci laisse environ quarante milles à faire et reconstruire. Comme de raison, avec nos connaissances actuelles, nous ne saurions dire ce qu'il en coûtera, mais il n'est pas probable que si l'on ne trouve point des obstacles insurmontables, les canaux de l'Ottawa pourront se construire pour moins du double du coût par mille des canaux du St. Laurent, en raison de la dureté du roc—qui consiste en granite, en pierre calcaire primitive et en hornblende mêlée au quartz, et en raison de la difficulté du transport des ouvriers et provisions dans un pays aussi sauvage. Nous pouvons donc supposer que le minimum du coût de ces améliorations sera de $12,000,000.

Cette route aurait un grand avantage sur les autres, ce serait la certitude d'un frêt pour le retour. Le pays de l'Ottawa renferme une quantité inépuisable de pins et de nombreux pouvoirs d'eau pour le fabriquer. En raison du bas prix des frêts de montée, Chicago retire aujourd'hui de l'extrémité est du lac Ontario beaucoup de bois qui se rendait auparavant sur les marchés d'Albany, et il est à espérer que son influence se ferait sentir bien plus bas sur l'Ottawa.

Cette amélioration doit se faire graduellement; elle ne serait pas d'une bien grande utilité, si l'on ne construisait d'abord les canaux de Caughnawaga et Champlain comme son débouché. Il est probable qu'à moins que les explorations du bureau des travaux publics canadiens ne trouvent de trop grands obstacles, l'on adoptera le plan d'une navigation de long parcours, et celle là s'ouvrira graduellement en prolongeant les canaux sur l'Ottawa et ouvrant ainsi de nouveaux pays à l'industrie, jusqu'à ce qu'ils soient complétés jusqu'au lac Huron.

Il sera instructif et intéressant de comparer le coût du transport d'un tonneau de frêt, disons dix barils de fleur, de Chicago à New-York et à Québec par les voies actuelles, avec le coût probable du transport par la nouvelle voie dont nous avons parlé.

Nous considérerons les frais plutôt que les péages, vu que les uns varient moins que les autres; les éléments dont il dépendent étant affectés pareillement sur les différentes routes.

Les frais de transport d'un baril de fleur de Chicago à Buffalo, dans la classe de propellers maintenant en usage, sont de 25 à 30 cents; 27½ cents par baril font 2½ mills par tonneau par mille; et nous pensons que c'est là une base correcte de comparaison. Nous avons déjà vu que l'épargne effectuée serait d'un mill par tonneau par mille, si les vaisseaux avaient de plus grandes dimensions. Pour ne point errer nous l'appellerons un demi-mill, et estimerons les frais de transports, pour les longs voyages de descente, à deux mills par tonneau par mille. C'est l'estimation de M. McAlpine.

Les frais de transport sur l'ancien canal Erié étaient de 7½ mills par tonneau pour un mill, et M McAlpine calcule que l'agrandissement les réduira à 4. Dans les canaux à vaisseaux, les dimensions étant sur un pied d'égalité, les frais de transport dépendent du nombre des écluses. Dans les canaux ayant peu d'écluses, comme ceux du St. Laurent et les canaux projetés de Caughnawaga, les frais pour un propeller de grande dimension n'excéderait pas trois mills par tonneau par mille

Dans les canaux à nombreuses écluses comme le canal Welland, les frais actuels de transport sont d'environ 6 mills par tonneau par mille. L'agrandissement, en réduisant la presse des affaires, réduirait certainement ces frais à 5; et c'est là une estimation des frais de transport sur les canaux projetés de Toronto et Ottawa, que l'on peut considérer correcte.

La question des péages est une question plus difficile d'autant plus qu'ils varient arbitrairement—baissant un jour pour attirer le commerce, et s'élevant très haut quand l'on croit se l'être assuré. Comme nous comparons différentes routes nous pouvons, dans nos suppositions, veiller à ce que ces frais soient comparativement corrects les uns vis à vis les autres.

Les péages sur la fleur passant par le canal Erié ont été de 6½ mills par tonneaux par mille. Le tarif établi par le bureau du canal et qui doit entrer en force durant la saison, n'est que de 3 mills par tonneau par mille.

Le péage sur un tonneau de blé ou de fleur passant par le canal Welland, est de 45 cents ou 16 *mills* par mille ; sur les canaux du St. Laurent 30 cents ou 7 *mills* par mille ; mais le blé et la fleur et quelques autres articles par les autres canaux ne paient qu'un péage au premier. Ce qui fait environ 6 *mills* par tonneau par mille pour toute la longueur des canaux. Après que les améliorations projetées seront terminées, un tarif de 5 *mills* par tonneau par mille, se trouvera probablement suffisant pour payer un bon intérêt sur tout le placement.

Les canaux d'Ottawa et de Toronto, coûtant deux fois autant, ne devraient pas avoir un tarif de moins de 10 *mills* par tonneau par mille.

Les frais de transport, y compris les péages, sur les différents canaux maintenant construits ou projetés seront comme suit :

	Mills par ton. par mille.		*Mills* par ton. par mille.
L'ancien canal Erié	14	Caughnawaga	8
Canal Erié agrandi	7	Champlain agrandi	8
Welland actuel seul	22	Canaux d'Ottawa	15
Welland et St. Laurent.	10	Canaux de Toronto	15
St. Laurent	8		

Avec ces données, nous calculerons maintenant le coût du transport de dix barils de fleur de Chicago à New York—par le canal Erié actuel, *vià* Buffalo.

	Milles.	*Mills.*	
Chicago à Buffalo	1,100	2½	$2,75
Transbordement à Buffalo			20
Buffalo à Troy.	364	14	5 9
Troy à New York	151	4	60
	1,615		$8,64

Après que l'agrandissement du canal Erié sera complet et les frais de transport réduits à 7 *mills*, y compris les péages, le total sera $6 10. Si l'état des bas-fonds de St. Clair permettait l'usage des propellers de première classe entre Chicago et Buffalo en réduisant le passage du lac à 2 *mills*, le total serait réduit à $5.56.

Par la voie du canal Welland actuel et des canaux agrandis d'Oswego et Ontario :

	Milles.	*Mills.*	
Chicago à Oswego	1,250	2½	$3.15
Canal Welland	28	22	62
Transbordement à Oswego			20
Oswego à Troy	209	7	1.46
Troy à New York	151	4	60
	1,638		$6.03

L'agrandissement du canal Welland aurait l'effet de réduire le coût du voyage du lac d'un demi *mill* ; et comme l'agrandissement du canal Welland est intimement lié au canal de Caughnawaga, dont la prospérité dépend en grande partie du canal Champlain, qui est sous le contrôle de l'état de New York, nous serons obligés de supposer que le gouvernement canadien aura à abandonner son tarif différentiel actuel sur le Welland en faveur des canaux du St. Laurent, et imposer les mêmes péages aux vaisseaux allant à Oswego que s'ils descendaient par le St. Laurent ; car, s'ils refusent de le faire, l'état de New York pourrait user de représailles en imposant des péages onéreux sur le canal Champlain.

Le coût par la route d'Oswego, en supposant que le canal Welland soit élargi, serait de :

	Milles.	Mills.	
Chicago à Oswego........................	1,250	2	$2.50
Canal Welland..........................	28	10	28
Transbordement à Oswego...............			20
Oswego à Troy	209	7	1.46
Troy à New York........................	151	4	60
	1,638		$5.04

Si le canal projeté était construit depuis la baie Georgienne jusqu'à Toronto le coût par cette route et par les canaux élargis d'Oswego comme ci-dessus, serai de :

	Milles.	Mills.	
Chicago à Oswego...................	750	2	$1.50
Canal.............................	94	15	1·41
Transbordement à Oswego............			20
Oswego à New York.................	360		2.06
	1,204		$5.17

Si le canal projeté de Caughnawaga était construit, et si les écluses du canal Welland étaient élargies, le coût par cette route serait de :

	Milles.	Mills.	
Chicago à l'extrémité est du lac Ontario....	1,263	2	$2.53
Canal Welland	28	10	28
Extrémité est d'Ontario à Caughnawaga....	143	2	29
Canaux de Caughnawaga et St. Laurent.....	65½	8	52
St. Jean à Whitehall......................	120	2	24
Chicago à Whitehall.....................	1,619½		$3.86
Transbordement à do....................			20
Canal Champlain........................	65	14	91
Waterford à New York....................	155	4	62
	1,839½		$5.59

Mais si le canal Champlain est élargi suivant la même échelle, et si certaines améliorations sont faites à l'extrémité de la Rivière Hudson, de manière que des vaisseau de 10 ou 11 pieds de tirant d'eau pourraient venir jusqu'à Waterford, le coût serait de ;

	Milles.	Mills.	
Chicago à Whitehall....................	1,619½		$3,86
Canal Champlain.......................	65	8	52
Péages sur les améliorations de la rivière, disons.................................			10
Waterford à New-York...................	155	2	31
	1,839½		$4.78.

Par la route projetée de l'Ottawa au St. Laurent et de là par les canaux de Caughnawaga et du Champlain élargi, il est probable que la navigation d'une rivière remplie de rapides comme l'Ottawa ne pourrait pas s'effectuer à aussi bon marché que la navigation de lac ou d'une rivière du caractère de l'Hudson. On a cru établir une meilleure comparaison en portant à 3 *mills* par tonneau par

mille, le coût du transport dans lés parties navigables de l'Ottawa. Nous aurons
alors :

	Milles.	*Mills.*	
De Chicago à l'embouchure de la Rivière des Français et du lac Huron..............	575	2	$1.15
Canal Ottawa.........................	50	15	75
Ottawa navigable jusqu'à Caughnawaga......	361	3	1.08
Canal Caughnawaga......	32½	8	26
De St. John's à New-York comme ci-dessus.	340		1.17
	1,358½		$4.41

D'après la comparaison de routes ci-dessus, il parait que la route d'Óttawa
est la moins dispendieuse, le coût n'étant que de $4.41.

Vient ensuite le canal agrandi de Welland et Caughnawaga, dont le coût est
de $4.79. Mais si le canal Champlain reste dans ses dimensions actuelles, le
coût serait de $5.59 et il aurait à lutter contre la route d'Oswego, où les frais
seraient de $5.04 par le canal Welland, et $5.17 par la route de Toronto.

On verra bien que la route de Toronto sauve une distance 434 milles
sur celle du canal Welland, elle coûte 13 cents plus cher par tonneau. Ceci
est dû aux péages qui ont été estimés à 5 *mills* sur le Welland et 10 mills sur le
canal de Toronto. Ceci parait à propos, quand on considère que le coût total du
canal Welland, après son agrandissement, est évalué à $10,500,000, et celui du
canal de Toronto à $25,000,000.

La prospérité d'Oswego, comme on peut le voir, dépend en grande partie
du fait que de grands vaisseaux peuvent atteindre le lac Ontario ; car si les vaisseaux des dimensions actuelles seulement peuvent s'y rendre, elle a à lutter
alors avec Buffalo, le coût par cette voie [se trouvant de $5.56 contre $6.03 par
la voie d'Oswego et du canal Welland actuel. De là l'intérêt que les gens d'Oswego prennent dans l'agrandissement du canal Welland ou dans la construction
du canal projeté de Toronto.

Voyons maintenant en peu de mots les sommes que l'on peut croire nécessaires pour faire les améliorations projetées.

Nous avons vu que l'état de New-York, en dépensant quatorze millions de
piastres sur le canal Erié, a ouvert une route qui permet de transporter un tonneau, de fret de Chicago à New-York, pour $8.64 et qu'en dépensant une nou-
velle somme de vingt-deux millions à élargir son canal, il réduira ces droits à
$5.56.

Une dépense de six millions appliquée à l'élargissement du canal Welland les
réduirait à $5.04. Trois millions sur le Caughnawaga et huit pour les améliora-
tions sur le Champlain et la rivière Hudson, faisant dix-sept millions en tout, les
réduiraient à $4.79 ; pendant qu'une dépense de vingt-cinq millions sur la route
de Toronto n'atteindrait de réduction que jusqu'à $5.17

Par la route d'Ottawa, nous avons vu que le coût serait de $4.41. L'exécu-
cution de ces améliorations dépendrait du coût ou en d'autres termes, du
quantum qu'il faudrait dépenser sur une nouvelle route pour réduire le prix entre
Chicago et New-York, de 38 cents par tonneau de moins que le prix de la voie
du canal de Welland.

Le coût excessif du canal de Toronto doit être le plus grand obstacle à son
exécution, quand l'on peut trouver des routes moins dispendieuses

Il est évident que le moyen d'épargner le plus dans le coût du transport, tout
en n'adoptant point le plan le plus dispendieux, serait d'agrandir le canal Welland, de construire celui de Caughnawaga et d'agrandir les canaux de Champlain.

Il ne me reste plus qu'à parler de la concurrence entre New-York et Montréal
ou Québec, comme ports d'exportation. Nous examinerons d'abord le coût du transport d'un tonneau de fret à Québec par les diverses routes jusqu'ici mentionnées :

Premièrement, par la route du canal Welland actuel.

	Milles.	Mills..	
De Chicago à l'extrémité Est du lake Erié..	1,100	2½	$2.75
Canal Welland de St. Laurent............	71	10	71
Port Dalhousie à Montréal, navigation libre.	306	2½	76
Montréal à Québec..........................	180	2½	55
	1,657		$4.77

Secondement, par le canal Welland agrandi.

De Chicago à l'extrémité Est du lac Erié...	1,100	2	$2.20
Canal Welland................................	28	10	28
Port Dalhousie à Montréal................	366	2	61
Canaux du St. Laurent....................	43	8	34
De Montréal à Québec....................	180	2	36
	1,657		$3.79

Troisièmement, par l'Ottawa.

De Chicago à la rivière des Français......	575	2	$1.15
Canaux de l'Ottawa et de Lachine..........	60	15	90
Ottawa, partie navigable................	361	3	1.08
Montréal à Québec.......................	180	2	36
	1,176		$3.49

On verra que, par la route actuelle, il en coûte 79 cents de moins de Chicago à Québec que du même endroit à New-York, et si toutes les améliorations projetées se font, ce serait encore 92 cents de moins par tonneau. Vient donc la question de savoir, pourquoi une aussi grande proportion du trafic de l'ouest se dirige sur New-York?

D'abord, les vaisseaux des lacs qui vont à Buffalo ou à Oswego sont sûrs d'avoir du frêt pour le retour ; pendant que s'ils vont à Québec, le grand nombre d'entre eux s'en reviendront sur lest. Quand les importations de l'ouest se font par New-York, ses exportations doivent suivre la même route.

Ensuite, la grande masse de l'excédant des produits de l'ouest ne sont pas exportés de ce pays. Les états de l'est sont les grands consommateurs, et le deviennent davantage, d'année en année, à mesure que l'agriculture cède le pas aux manufactures—et qu'il y a plus de bouches à nourrir et moins de bras à travailler aux moyens d'alimentation On calcule que sur environ trois millions de barils de céréales, arrivant tous les ans à New-York, il n'en est exporté qu'un million. Le reste se consomme sur ce côté-ci de l'Atlantique. Personne n'a besoin d'apprendre que New-York est plus rapproché que Québec du marché de notre mère-patrie.

Mais à part la quantité plus grande de produits de l'ouest qui se dirige vers New-York pour l'exportation en Europe, la quantité destinée aux marchés étrangers cherchera aussi cette route. Dans la note on trouvera un état extrait d'une excellente petite brochure récemment publiée à Montréal, intitulé : " *Letters on Canadian Trade and Navigation*," par l'honorable John Young, M.P. Cet extrait fait voir le prix du frêt d'un baril de fleur de Montréal à Liverpool, et de New-York à Liverpool, de 1846 à 1855 ; et d'après cet état l'on voit que les frêts de New-York à Liverpool ont commandé $5 par tonneau, et de Québec $9 par tonneau.

Examinons le coût du transport d'un tonneau de blé ou de fleur de Chicago à Liverpool, par New-York et par le St. Laurent, les frais de chargement et d'assurance étant censés les mêmes, bien que ces frais soient tous en faveur de New-York.

Premièrement, par le canal Erié.

De Chicago à New-York................ Milles	1,615	$ 5.56
De New York à Liverpool....	3,150	5.00
	4,765	$10 56

Secondement, par le canal Welland et le St. Laurent.

De Chicago à Québec.................... Milles	1,657	$ 4.77
De Québec à Liverpool................	2,910	9.00
	4,567	$13.77

Une différence de $3.21 en faveur de New York. Même en supposant le cas le plus favorable pour la route de Québec, la construction des canaux de l'Ottawa seulement, nous avons le prix du frêt pour Liverpool, porté à $12.49 par cette route, ou $1.93 de plus que par la route de New-York. Bien que la route du St. Laurent soit de beaucoup plus courte, il est évident qu'aussi longtemps que les frets océaniques commanderont un prix aussi élevé par cette route elle ne peut lutter contre New York.

La cause en est dans la quantité plus grande des importations par New-York que par Québec. Les vaisseaux et les steamers qui apportent à New-York des cargaisons complètes, sont en état d'y prendre du fret à bas prix. Pendant que, d'un autre côté, la majorité des vaisseaux qui rentrent dans le St. Laurent arrivent en lest, et ne comptent que sur le voyage du retour pour leurs profits. C'est ce qui porte à un aussi haut prix le frêt entre Québec et Liverpool.

Personne ne serait assez hardi pour soutenir que cela durera toujours. Il pourra arriver un jour que le commerce se fera directement entre Chicago et Liverpool ou Londres. Québec en recevant un flot constant de fret de l'intérieur pourra voir les prix du fret de l'extérieur se rapprocher peut-être de ceux de New-York. Mais il est évident que Chicago ne saurait importer par New-York et exporter par le St. Laurent. Quand elle aura accumulé assez de capitaux pour importer directement, alors elle pourra exporter directement.

Quiconque a été témoin de ce que l'ouest a fait dans ces dix dernières années ne voudrait point dire que cela est improbable ; et d'un autre côté il est également vrai que New-York n'a guère à craindre cette rivale ou aucune autre. Sa position de ville d'entrepôt du continent occidental est fixée sans l'ombre de doute.

T. C. CLARKE, I. C,
Port Hope.

Etat indiquant le fret d'un baril de fleur, de Montréal et New-York à Liverpool, en sterling courant, depuis le 1er mai jusqu'au 1er décembre des années citées.

DE NEW-YORK A LIVERPOOL.	s.	d.	DE MONTREAL A LIVERPOOL.	s.	d.
Moyenne en 1846...........	2	8	Moyenne en 1846..........	5	2
1847...........	3	9	1847...	5	4
1848...........	1	8	1848...........	4	2
1849...........	1	7½	1849...........	3	6
1850...........	1	3½	1850...........	3	0½
1851...........	1	1½	1851...........	2	11¾
1852...........	1	4¼	1852...........	2	11½
1853...........	2	6	1853...........	4	3¼
1854...........	2	6	1854...........	3	2

B.

Monsieur,—Je viens de terminer l'étude que le conseil de ville de Niagara m'avait confié en mai dernier, d'un canal d'embranchement pour relier le canal Welland à la rivière Niagara et son embouchure, et j'ai l'honneur de faire rapport comme suit, sur les mérites de ce projet d'entreprise :

Les plus grandes questions qui se présentent d'elles-mêmes à notre considération en traitant du projet si longtemps agité du " canal d'embranchement" sont au nombre de trois :

1o. La nécessité abstraite de rendre plus facile la navigation entre les lacs Erié et Ontario.

2o. L'échelle sur laquelle devront se faire ces améliorations.

3o. Les mérites de la rivière Niagara comme havre, et comme entrée du canal ; et la praticabilité du " canal" projeté, de là à son point de jonction avec le canal actuel, au sommet de la " montagne," ainsi appelée, au village de Thorold.

L'immense proportion dans laquelle le commerce des états de l'ouest a continué de s'accroître depuis la première ouverture du canal Welland, prouve de la manière la plus claire, que les débouchés artificiels actuels des lacs à l'océan devront bientôt ne plus suffire à l'écoulement des flots toujours croissants des produits qui se dirigent de l'ouest à l'est. Partant de cette conviction, l'état de New-York a récemment approprié d'immenses sommes, qu'on élève à neuf millions de dollars, pour l'élargissement de son canal déjà si coûteux de l'Erié. Un grand nombre de chemins de fer, dans la direction de la mer, ont aussi été établis pour se partager le surplus du trafic qui ne trouve pas, ou ne peut trouver, son écoulement par eau, des grands lacs aux grands débouchés du commerce sur les bords de l'Atlantique.

Le canal Welland, qui est de beaucoup le plus important des débouchés artificiels de ces articles de commerce qui constituent le trafic de l'ouest, a déjà subi deux phases d'existence. Commencé en 1824, il servit d'abord comme voie de communication entre le lac Ontario et les les lacs supérieurs en 1829 ; bien que présentant un genre de construction quelque peu grossier et ancien, il était capable de donner passage à des vaisseaux d'environ 100 pieds sur 18, avec un petit tirant d'eau. En 1842, sous les auspices du gouvernement provincial, il commença à sortir de son état d'enfance ; ses écluses en bois, avec tout au au plus, sept pieds d'eau sur les seuils, firent place à d'autres de plus grandes dimensions, et cinq ans après, il occupait le rang élevé dans lequel on le voit aujourd'hui,—adapté aux vaisseaux de 150 pieds sur 26, d'un tirant de 9 à 10 pieds d'eau, et du jaugeage de 400 tonneaux ; la manière solide et durable dont toutes ses constructions ont été faites, témoignent du fait que les promoteurs de ce qu'on appelait alors " agrandissement", considéraient qu'ils pourvoyaient amplement aux exigences du commerce pour au moins un demi siècle à venir. Si ces calculs ont eu le tort d'être erronés, il est dans tous les cas bien satisfaisant de voir que les progrès de la civilisation et du commerce ont outrepassé les plus vives espérances des quelques hommes prévoyants, pour qui le canal Welland avait toujours été dès le commencement le " dada" favori, et aux efforts patriotiques desquels le Canada se trouve, sous ce rapport, grandement redevable pour le développement de ses ressources. Il est peut-être également bien encore que, dans la dépense encourue jusqu'ici, on se soit trompé du côté de " trop peu," au lieu de l'avoir fait, comme ç'aurait pu être le cas, d'une manière indiscrète en avance des besoins du commerce et des moyens du pays ; et il est encore satisfaisant de savoir que, grâce au progrès qui s'y développe si rapidement, au dedans et au dehors, la province se trouve aujourd'hui dans la position de pouvoir former et exécuter le plan d'un système de navigation artificielle, adapté à la capacité de ses eaux intérieures qui sont sans rivales, pour des siècles à venir,—système dont il ne faut plus que le perfectionnement pour rendre le St. Laurent incontestablement maître du commerce de l'immense ouest.

Le canal Welland devra toujours former le nœud principal de cette grande ligne de navigation ; et que, dans l'état où il est, il devienne bientôt incapable de répondre aux demandes toujours croissantes qui lui sont faites, est une chose dont il n'est pas permis de douter. L'encombrement du canal d'une écluse à l'autre, et le choc des vaisseaux en se frayant un passage, durant les dernières semaines de la dernière saison de navigation, et les clameurs en résultant des patrons et des capitaines, sont des faits "dans la bouche de tout le monde" qui ont à peine besoin de preuve pour les établir ; mais s'il en fallait, on en trouvera une suffisante dans la pétition qui a été présentée dans le cours du mois de janvier de cette année aux commissaires des travaux publics, récemment signée par plus de cent quarante marchands, expéditeurs, propriétaires de vaisseaux, et autres,--qui portent à pas moins de £259,510 le dommage causé, durant la dernière saison seulement, par le retardement des vaisseaux dans le canal. Une semblable pétition avait déjà été présentée, dès mai 1850, aux deux branches de la législature, n'ayant cette fois pas moins de 853 signatures, représentant un capital de dix millions de piastres engagé dans le commerce des lacs. L'on peut donc considérer comme chose admise, que ce trafic, qui a augmenté beaucoup depuis, aussi bien que les intérêts du Canada en général, demandent l'agrandissement de la capacité du canal Welland.

Il n'y a pas à douter que la navigation artificielle et les améliorations de nos rivières, en Canada, que les gouvernements de la mère patrie et de la province y ont entreprises et exécutées, ne manquent de *système*. Par exemple, sur les canaux d'Ottawa et de Rideau, on ne rencontre pas moins de trois différentes dimensions dans les écluses, et sur ceux du St. Laurent, (en y comprenant le canal Welland,) nous en avons aussi trois, toutes différentes de celle de l'Ottawa. Sous de telles circonstances, il faut que les plus petites dimensions règlent, à un haut degré, la grandeur des vaisseaux qui naviguent sur ces eaux, ce qui dans bien des cas rend inutiles nos écluses de récente construction et de capacité agrandie ; ou, tout au plus, de bien peu plus de service que leurs devancières à l'ancienne façon.

C'est sur le canal de Cornwall que l'on trouve les plus grandes écluses de la navigation du St. Laurent,—200 pieds sur 55. Toutes les autres que l'on a " agrandies," offrent la même longueur, mais elles ont toutes dix pieds de moins sur la largeur. Celles de Welland, en haut de St. Catharines, comme il a déjà été remarquée, n'ont que 150 pieds sur 26, avec une hauteur de neuf pieds d'eau partout.

Cette disparité est un grand malheur pour les intérêts commerciaux du Canada ; elle empêche les plus grands de nos canaux de produire d'aussi bons rapports que leur coût semblerait devoir garantir, et elle enlève au St. Laurent une grande partie du trafic qui, sous d'autres circonstances, suivrait sa route pour se rendre à l'Océan aussi naturellement que les eaux des grands lacs.

Prenant Fond-du-lac, sur le lac Supérieur, comme la tête de notre navigation intérieure, et l'eau de marée, à aucun endroit du golfe St. Laurent, pour l'autre extrémité, la première question qui se suggère d'elle-même ensuite, est de savoir sur quelle échelle devront se faire les écluses et la canalisation pour répondre à la capacité naturelle des lacs en rapport avec le fleuve ; en d'autres mots, quelle pourra être la plus grande dimension de l'embarcation qui, prenant sa cargaison à quelques quinze cents ou deux mille milles à l'intérieur, pourra, sans en décharger une partie dans *l'interim*, la rendre à bord des bâtiments de mer à Québec ou à Halifax ?

Bien que nous ayions déjà beaucoup fait pour l'amélioration de nos eaux navigables, car il faut avouer que les canaux du St. Laurent ont été conçus et exécutés avec hardiesse, considérant la position d'alors de la province, je ne crois cependant pas que nous puissions prendre aucun de nos travaux pour modèle de la grandeur de ceux que nous pouvons avoir en vue d'entreprendre à l'avenir. La généralité des steamers, dont les proportions vont toujours croissantes, se construisent et disparaissent sans avoir jamais franchi les limites de leurs lacs natifs. Si nos canaux étaient assez grands, les plus grands de ces steamers pourraient faire le voyage dont nous venons de parler,—du lac Supérieur à l'Océan,— et de plus, le faire avec profit pour leurs propriétaires ; car je tiens pour axiôme reconnu parmi les expéditeurs de nos eaux, que le coût de transport des marchandises est en raison inverse de la grandeur des vaisseaux dont ils se servent ;—plus le vaisseau est grand, plus le transport est à bon marché. Il existe, dans les minières du lac Supérieur, tous les éléments d'un commerce étendu, mais que l'on n'a point tenté jusq'ici,—trafic qui, aussi, chercherait son écoulement par eau de préférence à toute autre voie, s'il était possible de faire de longs voyages sans être obligé de transborder. Je veux parler du minérai et du métal en bloc, et c'est là une raison très forte en faveur de l'agrandissement du canal Welland pour permettre aux vaisseaux de la plus grande capacité qui naviguent sur les lacs supérieurs d'y passer. La même raison s'applique generalement au commerce de l'ouest, vu que les exportations consistent principalement en grain, fleur, et autres denrées semblables d'une grande valeur et incommodes à transporter. Tout observateur dans ces matières, qui peut avoir depuis peu visité Chicago, ne peut qu'être étonné de l'étendue immense des quais que l'on est en voie de construire le long du lac, en face de la cité,—ce qui donne de l'importance à ses affaires maritimes, et vient parfaitement à l'appui de l'opinion que les lacs devront toujours commander la plus grande partie de ce trafic en dépit des chemins de fer, bien que Chicago soit peut-être la ville de l'ouest qui possède le plus d'avantages sur le rapport des voies ferrées qui débouchent vers l'océan. A l'appui de cette opinion, je me contenterai de citer le fait qu'il en coûte sept *cents* pour transporter un boisseau de blé, de Chicago au Détroit (281 milles) par chemin de fer, tandis que la même somme paiera le transport de la même mesure de grain de Chicago à Buffalo (près de 900 milles) par eau. En émettant ces vues, je ne veux nullement donner à entendre que je désire établir un antagonisme entre les communications par eau et les chemins de fer. Ils ont chacun leur mission à remplir, avec suffisamment d'espace et de liberté pour faire de bonnes affaires Sans les lacs, l'ouest eut pris du temps pour parvenir au degré de civilisation qu'il a déjà atteint ; ses progrès rapides demandent et assurent la construction de chemins de fer sur une étendue et avec un succès inouïs partout ailleurs.

Avec ces vues, donc, je crois qu'il faut porter ailleurs nos regards pour trouver de quoi modeler nos plans de navigation pour l'avenir, et non pas s'en tenir à notre propre assemblage d'écluses dépareillées. Les américains, qui ont toujours l'œil aux intérêts commerciaux de leur pays, nous donnent, dans le canal qu'ils sont actuellement à construire pour se donner accès au lac Supérieur, un exemple dont nous devrions profiter pour nos projets d'améliorations futures des différents chaînons de la longue chaine de navigation à laquelle ils appartiennent en commun avec le projet auquel se rapporte particulièrement le présent rapport. La largeur de fond de leur canal est de 100 pieds ; leurs écluses ont 350 pieds de long sur 75 de large ; la hauteur d'eau est de 12 pieds. Ces proportions gigantesques pourront recevoir les plus grands de ces magnifiques steamers qui sillonnent depuis longtemps les eaux des lacs Erié, Huron, et Michigan. Des vaisseaux du même port, sans doute, desserviront aussi le lac Supérieur, du moment qu'il y aura une communication navigable d'établie pour

E 3 5

le relier aux lacs d'en bas,—événement qui ajoutera d'un seul coup 335 milles, à notre chaîne de navigation intérieure ; et le temps n'est certainement pas éloigné. où ces steamers pourront charger dans quelque port de cette grande mer d'eau douce qu'on est sur le point d'ouvrir au monde commerçant, et descendre dans le lac Ontario, en emportant d'une seule étape les trésors des mines du nord et les richesses agricoles de l'ouest, vers les marchés de l'ancien monde. Je propose donc de prendre pour échelle du "canal d'embranchement de Niagara" celle du canal du Sault Ste. Marie.

L'on pourrait inférer des suggestions qui sont émises plus haut que le projet dont il s'agit est considéré comme destiné à occuper une bien plus haute position que celle d'un simple embranchement auxiliaire du canal Welland ; dont la reconstruction, sur le plan qui est proposé, équivaudrait à un renouvellement des travaux dans tout leur entier. Je conçois que ce "canal d'embranchement". devrait être le premier pas à faire dans la construction d'un grand canal à vaisseaux pour relier l'Ontario aux autres lacs qui sont plus haut ; et que, dans la perspective du commerce illimité qui devra se faire sur ces eaux, l'embouchure du Niagara, qui est un port naturel d'une grande capacité, suffisamment profond, sûr, ouvert tout le long de l'année, et n'exigeant aucune dépense d'établissement où d'entretien—est, comme entrée d'un tel canal, préférable à tout havre artificiel que nous pourrions construire ailleurs.

Dans les grandes tempêtes du nord-est qui balayent ordinairement le lac des jours entiers, quelque fois même pendant des semaines sans relâche, tous les printemps et les automnes, aussi bien que dans les coups de vents du nord-ouest et du sud-est qui, pour être de moindre durée, n'en sont pas moins violents pour le temps qu'ils durent, l'entrée de la rivière est sans rivale comme havre de refuge. Je me suis laissé dire qu'il y avait à ce havre l'objection que, dans les vents qui dominent, à cet endroit, ceux de sud-ouest, les vaisseaux éprouvaient de la difficulté à faire leur entrée, le vent et le courant leur étant à la fois contraire ; mais cette objection, qui, comme de raison ne s'applique qu'aux embarcations à voiles, pourrait aisément se réduire à rien, si toutefois elle était assez sérieuse pour en valoir la peine, par l'emploi d'un remorqueur. Dans tous les cas, un tel auxiliaire, vu l'importance toujours croissante du commerce, sera probablement à désirer ; et en dehors de l'embouchure, il se trouve une grande rade où toute la flotte des lacs pourrait venir mouiller en toute sûreté sur la barre, si l'on peut proprement appeler ainsi, en language de lac, un banc qui porte de deux brasses et demie à trois brasses de sonde, aux eaux basses. Pour les vaisseaux de sortie, le vent qui domine est très favorable, car il leur est d'un grand secours pour laisser avec facilité la rivière, chose qui n'est pas d'un petit avantage, si l'on considère que la grande balance du commerce se fait dans cette direction.

Comme je l'ai fait remarquer plus haut, il n'y a que les vaisseaux à voiles qui pourraient être affectés d'une manière adverse par la seule objection naturelle qui, autant que je sache, ait été formulée contre la rivière Niagara comme havre ; une telle objection ne peut avoir de force par rapport aux propellers, et il ne peut y avoir de doute que, surtout avec un canal tel que celui qui est proposé ici cette dernière classe de vaisseaux ne soit destinée à faire presque exclusivement le commerce de transport des lacs.

La seule autre objection, je crois, qui ait jamais été faite au havre de la rivière, pris plus particulièrement comme entrée du canal Welland, a été d'une nature militaire, à cause de sa proximité de la frontière américaine, et par ce que les vaisseaux qui le fréquenteraient seraient exposés à l'embargo en temps de guerre. Mais le temps est passé, où, bien qu'on ait pu y insister fortement et avec raison en 1824, pareille objection puisse être avancée comme argument fondé pour faire détourner le plus beau havre du lac Ontario des fins auxquelles la nature semble l'avoir si admirablement destiné.

L'endroit que j'ai choisi pour point de départ du nouveau canal, sur la rivière

Niagara, est une petite baie tout en face du parc de la marine et tout près du côté nord du vieux fort George. De là à sa jonction avec le Welland, en haut de l'écluse 25, au village de Thorold, la distance par la route étudiée est de 12⅛ milles ; le terrain, généralement, étant plus qu'à un degré ordinaire favorable à la construction des travaux. Quant à la ligne elle est presqu'entièrement droite ; les premiers 10 milles le sont absolument, et les 2⅜ autres milles forment, en gravissant la "montagne," quatre belles courbes des plus aisées. La seule objection apparente dans ce tracé, et qui, avec des écluses de la dimension de celles qui sont proposées, en sera une pareillement, je m'imagine, à toute autre route possible de Thorold au lac, sans excepter celle du canal actuel, est que quelques unes des écluses auront à être construites "en combinaison," système d'écluses que l'on doit toujours éviter, quand il est possible. L'élévation de l'eau du canal Welland, au point de jonction, est de 317 pieds au-dessus du niveau ordinaire du lac : cette élévation devra être rachetée au moyen de 25 écluses, variant en hauteur depuis 9 jusqu'à 14 pieds.

L'ordre général des écluses sera à peu près comme ceci :—Immédiatement en partant de Niagara, pour s'élever de la rivière, quatre écluses combinées ; élévation totale, 55 pieds. De là au chemin de Queenston et Grimsby (8⅓ milles) sept écluses ; moindre parcours libre entre deux, 700 pieds ; le parcours libre, en moyenne, étant de plus d'un mille. Au passage du chemin de Queenston et Grimsby, sur la terre de M. Secord, lot No. 2, Grantham, il faudra deux écluses combinées (11 et 12.) Les quatre suivantes, à aller jusqu'au pied de No. 17, seront séparées par des biefs de 400 à 800 pieds de longueur. Des neuf qui restent, une (No. 19) se trouve isolée, avec un avant-bief de 500 pieds, et un arrière-bief de 1000 pieds ; les huit autres sont en trois groupes séparés, de deux, trois, et trois écluses respectivement. Je donne cet arrangement purement pour indiquer le plan général qui convient à la coupe du terrain, mais qui, comme de raison, devra être sujet à des modifications et à des perfectionnements dans l'exécution des détails de construction.

Sur les premiers dix milles le déblai est des plus faciles, variant de 5 à 12 pieds de profondeur, et tout dans de la terre. Les deux derniers milles présentent une section un peu rude, et passent en partie dans du roc ; la jonction ne pourra s'effectuer qu'au moyen d'une tranchée de quelques 25 pieds de profondeur, sur 1500 de longueur, qu'il faudra pratiquer dans un terrain dur et compact, recouvrant un lit de pierre à chaux—deux substances qu'il faudra déblayer au moyen de la mine. Cette tranchée est la seule de toute la route qui présente des difficultés et qui entraînera des dépenses plus qu'ordinaires ; elle correspond en caractère à celle du canal Welland, connue sous le nom de "petite tranchée profonde," dont elle ne sera, de fait, que le prolongement.

Les cours d'eau que l'on aura à traverser sont au nombre de dix : dont les principaux sont les ruisseaux que l'on appelle "Deux Milles," "Quatre Milles," "Huit Milles" et "Dix Milles," qui tous seront desservis par des aqueducs de dimensions modérées. Partout la coupe du terrain permet de pratiquer le drainage de la contrée par dessous le canal, et le fait, que nulle part elle ne sert de récipient aux crues d'eau du pays d'alentour, peut être regardé comme le moindre avantage que cette route possède sur celle de Port Dalhousie.

Il me reste maintenant à parler du coût de l'entreprise. Lorsqu'il s'agit d'un projet d'une aussi grande importance, il ne faut guère s'attendre à de petits chiffres, et la construction du "canal d'embranchement" sur l'échelle proposée, viz : d'une largeur générale de canal de 100 pieds au fond, d'écluses de 300 pieds de long sur 75 de large, avec une hauteur disponible d'eau de 11 à 12 pieds—entraînera une dépense qui approchera d'un million de louis courant : un aperçu détaillé de cette dépense est annexé sous forme de tableau. Je doute beaucoup qu'on puisse donner les mêmes dimensions au canal Welland actuel avec une pareille somme, sans parler de l'embarras inévitable qu'on serait sûr de causer à la navigation durant l'exécution des travaux, et des réclamations qui s'en suivraient pour " dommages "—item qu'il est tout-à-fait oiseux d'entreprendre d'estimer,— et je suis bien convaincu que, même en laissant de côté les avantages qu'on reconnaît à l'entrée par la rivière, il est impossible de trouver une autre route qui puisse aucunement soutenir la comparaison, sous le point de vue du génie, avec celle qui vient d'être tracée ici.

Comme de raison, un canal d'une aussi grande capacité que celui que l'on a en vue à l'aide de cette dépense considérable, ne saurait être de service, à son plus haut degré d'utilité, qu'en autant que la partie supérieure du canal Welland serait portée à des dimensions semblables, ou qu'on aviserait par quelque autre plan aux moyens de compléter, n'importe sur quelle échelle, la voie de communication entre les deux lacs.

Il est probable que cette partie des travaux à laquelle a rapport l'estimation que je viens de donner, absorberait la moitié des frais d'établissement de l'ouvrage entier jusqu'à Port Colborne ; n'y ayant qu'une écluse d'élévation à faire à Allanburgh, en haut de Thorold, pour atteindre le niveau du lac Erié. Le canal Welland, tel qu'on le voit aujourd'hui, a coûté, du commencement à la fin, environ £1,400,000. Les frais d'exécution de ce nouveau plan, depuis Niagara jusqu'au Port Colborne, approcheraient probablement de £2,000,000. Je crois, cependant, que la plus grande partie de l'élargissement du grand bief d'Allanburgh au lac Erié, pourrait judicieusement, peut-être indéfiniment, se différer, pour avoir recours à un plan aussi convenable, et beaucoup moins dispendieux, pour procurer aux grands steamers à roues et à hélices toutes les facilités désirables de transit d'un lac à l'autre. Ce serait de recourir jusqu'à un certain point, au tracé primitif du vieux canal Welland—en tournant à son propre avantage la navigation en eau libre du haut Niagara et du Chippawa, où de la rivière Welland. De Black Rock, en bas de Buffalo, du côté américain, et de Fort Erié, de notre côté, les deux points où s'arrête actuellement, ou en pratique, la navigation marchande, à venir à l'embouchure du Chippawa, il y a de l'eau suffisamment pour des vaisseaux d'un tirant de 10½ pieds. A l'exception d'un obstacle de peu de longueur à l'entrée, et d'une barre de peu de conséquence à l'intérieur, la petite rivière Chippawa a de douze à quinze pieds de profondeur, sur une étendue de dix milles, de Port Robinson à son confluent avec la rivière Niagara, et sur toute cette distance il n'y a point de chute appréciable. Nous avons donc ici une navigation naturelle et qui n'entraînera point de grandes dépenses pour lui donner la même capacité que celle du canal projeté, surtout son parcours depuis le lac Erié jusqu'à six milles, en descendant, de la tête du "canal d'embranchement." Pour rendre ces six milles propres à la navigation des vaisseaux de la classe que nous avons en vue, il faudrait élargir et creuser le canal actuel pour lui donner les dimensions voulues, et construire une écluse à Allanburgh et une autre à Port Robinson ; cette dernière pour racheter la différence de niveau du lac Erié qui est plus élevé de 9 pieds environ. Il est probable que £325,000 couvriront cette partie des travaux d'agrandissement : ce qui nous assurerait une navigation complète et propre aux steamers entre les deux lac pour la somme ronde de £1,325,000 ; laissant en possession paisible des goëlettes le canal tel qu'il est à présent,—ce qui vaut autant, probablement, que de doubler sa capacité pour le passage des vaisseaux de première classe. Il "paraît à l'horizon de l'avenir" un assez grand commerce pour employer les deux débouchés, autant que leurs capacités respectives pourront y suffire.

Je crois, monsieur, avoir suffisamment traité les questions les plus importantes qui se rattachent au sujet que vous m'avez chargé d'étudier, et je terminerai en prenant la liberté de vous faire observer que le projet, quelque grand qu'il puisse paraître, est certainement bien digne de l'attention de la législature, et il est parfaitement en son pouvoir de le mener à bonne fin, si l'on songe combien les résultats auxquels on tend à parvenir devront dépasser en grandeur l'entreprise elle-même, puisque, même en différant pour quelques années les mêmes améliorations dans la navigation du fleuve, le nouveau canal de Welland aura eu l'effet d'ouvrir entre tous les lacs une longue navigation non interrompue qui pénétrera de ; lus de 1100 milles dans le cœur d'un vaste continent. Si nous n'entreprenons pas cet ouvrage important et nécessaire de notre côté, assurément les américains l'entreprcn-'ront du leur, et l'on sait que ce qu'ils entreprennent, ils l'achèvent. Les avantages naturels de la position, les facilités locales pour la construction, etc., sont pour nous; certainement, nous ne renoncerons point sans résistance à la suprématie des grands lacs dont nous sommes redevables à l'enviable possession du noble fleuve St. Laurent et au contrôle jusqu'ici exclusif du chaînon qui le relie aux mers intérieures dont il est le débouché naturel. Le succès que l'on a obtenu jusqu'ici dans les opérations expérimentales qui ont été faites sous la savante et habile direction de MM. Maillefert et Raasloff, pour faire disparaître les obstacles que présentent les rapides qui se trouvent entre Prescott et Montréal, semblerait nous faire espérer qu'on ne tardera plus à prendre quelque mesure décisive pour préparer le grand fleuve, dont les canadiens sont fiers à si juste titre, à " remplir sa destinée,"—et les études que l'on pousse dans le moment pour s'assurer de la praticabilité d'un canal à vaisseaux pour relier les eaux du St. Laurent à celles du lac Champlain, résoudront un autre problème important,—savoir s'il n'est pas possible d'avoir un jour une grande voie de communication par le sud, pour nos vaisseaux qui voudraient faire pour la mer par la voie de la rivière Hudson à New York. Je suis dans tous les cas convaincu de ceci : lorsque les ouvrages de la nature ne requièrent que si peu d'aide artificielle, comparativement parlant, pour relier des centaines de milles d'eau navigable, la doctrine qui a trouvé dans ces derniers temps un si grand nombre de partisans dans le monde mercantile et scientifique, n'est pas strictement saine —savoir—que le temps des canaux est passé, et qu'à l'avenir les chemins de fer règneront à leur place.

J'ai l'honneur d'être,
Monsieur,
Votre obéissant serviteur,
W. SHANLY.

John Simpson, écuyer, maire.
Niagara, C. O.

CANAL D'EMBRANCHEMENT DE NIAGARA.

APERÇU DES FRAIS D'ETABLISSEMENT.

Quantités.	Description des travaux.	Prix.			Montant.		
		£	s.	d.	£	s.	d.
3,000 000 vgs.	Excavation de terre................	0	1	2	175,000	0	0
90.000 "	Roc	0	5	0	22.500	0	0
25	Ecluses	22,500	0	0	562,500	0	0
10	Aqueducs...........	2,500	0	0	25,000	0	0
17	Déversoirs	1,500	0	0	25.500	0	0
10	Ponts.....................	1,500	0	0	15,000	0	0
21	Bornes milliaires...........	2,000	0	0	42 000	0	0
	Piliers d'entrée et quais supérieurs....				20,000	0	0
	Caissons.......................				5,000	0	0
	Terrains et dommages...............				50,000	0	0
	Génie et dépenses contingentes......				47,125	0	0
	Total............£989,625					0	0

C.

EXPLORATION DE L'OTTAWA.

Monsieur,—J'ai l'honneur de faire rapport sur la navigation de l'ordonnance du Bas-Ottawa, c'est-à dire, sur les canaux de " Carillon " de la " Chute aux Blondeaux " et de " Grenville. "

La longueur, la capacité et la position relative de ces travaux sont comme suit :

1o. Le canal Carillon, commençant à la tête du lac des Deux-Montagnes, à environ 22 milles au-dessus de Ste. Anne, a une longueur de
tranchée de...: 2 $\frac{6}{100}$ milles
Montant d'élévation faite par les écluses, en haut, à la tête....... 13 pieds.
Do   en bas, au pied.. 23   do
Et est alimenté par une rigole d'alimentation des eaux de la Rivière
du Nord la longueur de................................... $\frac{62}{100}$ m.

Il y a trois écluses ; l'une à la tête, connue sous le nom de No 3, élévation 13 pieds, étant la hauteur de la surface de la rigole alimentaire au-dessus du niveau ordinaire de l'Ottawa à la tête du rapide.

Les deux autres (Nos. 1 et 2) sont réunies, et situées au pied du canal ; leur élévation est de 13 et 10 pieds respectivement, faisant une élévation de 23 pieds au-dessus du lac des Deux-Montagnes.

En en déduisant l'élévation de l'écluse placée à la tête (No. 3)   13 pieds.
Il ne reste pour la chute totale dans les rapides Carillon que..   10   "

Les dimensions des écluses sont :

Longueur nette de pointe en pointé des seuils d'écluse...... 128 pieds.
Largeur nette entre les tourillons......................... 32   " 6 p.
Moindre volume d'eau calculé pour........................ 5   " 6 p.

Dans les coupes transversales les dimensions des tranchées sont très variables, ayant de 18 à 40 pieds de large au fond, avec des rampes irrégulieres ; la largeur de la surface varie de 50 à 90 pieds ; la profondeur extrème des tranchées est de 22 pieds : la moyenne partout est d'environ 10 pieds ; le tout en rocher. Le canal est pour un minimum de profondeur d'eau de 5½ pieds ; mais on ne peut compter en toute sûreté sur plus de cinq pieds pour les fins de la navigation.

Les fluctuations des eaux de l'Ottawa au-dessus et en bas des rapides Carillon sont très considérables ; le plus haut degré dont a fait une entrée à la date du 15 mai 1845, inscrite sur le bux d'écluse le plus bas de l'écluse
No. 1 est de.. 17' 6"
Et le plus bas est entré le 23 septembre 1846, et inscrit sur le
même manomètre..................................... 5' 6"

Au-dessus du canal Carillon, il y a une étendue de navigation de rivière calme de 3 $\frac{65}{100}$ milles, qu'on dit avoir une grande profondeur d'eau dans tout son cours, mais j'ai différé d'en faire la sonde jusqu'à ce que la glace permette de le faire avec exactitude.

A la tête de cette " étendue" calme nous arrivons au second chaînon de cette chaîne de navigation, connue sous le nom de

Canal de la Chute aux Blondeaux

dont la longueur est de $\frac{16}{100}$ d'un mille, avec une écluse (No. 4) de 3 pieds 10 pouces d'élévation, et d'une capacité égale à celles qui se trouvent plus bas.

La largeur moyenne de la tranchée de la Chute aux Blondeaux (toute en roc) est d'environ 37 pieds, avec des rampes presque perpendiculaires.

La profondeur moyenne de l'excavation est de 28 pieds, avec 6 pieds d'eau propre à la navigation. Depuis la tête de la Chute aux Blondeaux nous avons une navigation de rivière profonde, d'un mille, qui nous conduit au pied du

Canal de Grenville, .

Dont la longueur est de.................... .... 5$\frac{78}{100}$ milles.

L'élévation .... 46 pieds.

Ce qui est la chute des rapides du Long Sault, qui est rachetée au moyen de sept écluses, présentant une contraste frappant en fait de dimensions.

Les quatre écluses inférieures, No. 5 à 8 inclusivement étaient, je pense, destinées à avoir

En longueur d'un seuil d'écluse à l'autre............ 129 pds. 6 ps. '

Et en largeur entre les tourillons................ .... 32 pds. 6 ps.

Mais à cause des imperfections de construction, les longueurs actuelles varient

Entre................................... 131 pds. 8 ps. et 129 pds. 1 ps.

Et la largeur entre.................... 32 pds. 3 ps. et 32 pds. 6 ps.

Les écluses sont accouplées, No. 5 et 6 sont situées au pied du canal, élévation 8$\frac{1}{2}$ pieds et 8 pieds respectivement ; Nos 6 et 7 à quelques 1500 pieds plus haut, ayant chacune une élévation de 8 pieds.

Les trois autres écluses sont isolées l'une de l'autre, et séparées par de longs intervalles.

Les Nos. 9 et 10 ont des élévations, l'une de 6 pieds, l'autre de 7$\frac{1}{2}$ pieds, tandis que No. 11, à la tête de la tranchée, sert d'écluse de protection.

Dans leurs dimensions principales elles diffèrent entièrement de celles déjà énumérées, et jusqu'à un certain degré elles diffèrent l'une de l'autre.

Leurs dimensions sont comme suit :

Écluse No. 9............ 106 pds. 8 pcs. long ⋈ 19 pds. 5 pcs. large.

"   " 10........... 107 pds. 3 pcs. " ⋈ 19 pds. 4 pcs. "

"   " 11........... 108 pds. 6 pcs. " ⋈ 19 pds. 3$\frac{1}{2}$ pcs. "

D'après ces chiffres on verra que la capacité de tous ces travaux est de fait contrôlée par l'écluse No. 11, et conséquemment la dimension des vaisseaux propres à naviguer le bas Ottawa, limitée à environ 100 pieds de long sur 19 pieds de large. La profondeur des eaux sur les seuils de ces petites écluses est la même que dans les plus grandes au-dessous, c'est-à-dire

A eau basse........................... 5 pieds 6 pcs.

L'étendue de la coupe du canal Grenville n'est pas uniforme, la largeur du fond à 5 pieds plus bas que la surface est généralement d'environ 15 pieds ; quoique quelque fois elle ait jusqu'à 20 et d'autres fois 30 pieds de large.

Sa plus grande largeur à la surface de l'eau est de........... 64 pieds

Sa moindre largeur sur la même ligne..................... 23 "

Et la largeur de la surface générale est d'environ.... .... 44 "

L'extrême profondeur de la tranchée est de................ 25 "

La profondeur moyenne est d'environ.... .... 11 "

Les excavations sont entièrement dans le roc, et la ligne du fond est si irrégulière qu'on ne peut point compter sur plus de cinq pieds d'eau comme le maximum du tirant d'eau des vaisseaux qui pourraient naviguer dans cette tranchée.

Le tableau suivant fera voir les principaux détails sur toute cette partie de la navigation de l'Ottawa, dans un cadre plus retréci et plus commode pour y référer, que ceux qui se trouvent plus haut.

Distance totale du pied du canal Carillon à la tête du canal Grenville $12\frac{68}{100}$ milles, dont la partie canalisée est :

1. La section Carillon.................... $2\frac{9}{100}$ milles
2. Chute aux Blondeaux .... $\frac{16}{100}$ "
3. Section Grenville..................... $5\frac{78}{100}$ "

Longueur totale des tranchées.:.... $8\frac{3}{100}$ milles.
Les écluses ont............................. 85 pds. 10 pcs.

Distribuées comme suit :

1. Sur la section Carillon, trois écluses, Nos. 1, 2 et 3........ 36 0
2 Chute aux Blondeaux, une écluse No 4.................... 3 10
3. Section Grenville, sept écluses Nos. 5 à 11................ 46 0

De ces onze écluses les huit premières ont une capacité de... ..128 × 32 pieds
Les autres trois peuvent être portées à.. ....106 × 19 "

Vingt six pieds d'écluses peuvent être considérés comme perdus, vu que la surface de l'eau de la section Carillon, dont l'approvisionnement, comme on l'a déjà remarqué, est tiré de la Rivière du Nord, est à une élévation de 13 pieds au-dessus du niveau général de l'Ottawa à l'entrée supérieure du canal. Ce mode de construction nécessite deux écluses de plus que la chûte naturelle de la rivière (qui n'a que dix pieds) pourrait l'exiger, et il faudra qu'il soit aboli et que ce canal soit alimenté de la rivière principale, lorsqu'un plus vaste système de navigation sera adopté pour l'Ottawa. Il conviendra mieux de traiter de la manière la plus avantageuse d'effectuer cette amélioration dans mon prochain rapport sur le résultat général de " l'Exploration de l'Ottawa," et il m'est en conséquence inutile de m'y arrêter plus longtemps.

J'ai maintenant à m'occuper de la condition actuelle des travaux, et relativement à leurs parties les plus vitales—les écluses—je prends la liberté de faire rapport qu'elles sont toutes en mauvais ordre, et que quelques unes d'entre elles sont même en ruine. Les No. 1 et 2 au pied du canal Carillon, spécialement, sont dans un état de détérioration ; les murs de la dernière font tellement d'eau quand l'écluse est remplie que l'eau filtre à travers, et qu'elle a pratiqué des passages en arrière et à travers ceux du numéro un, au point que le mortier a presque tout disparu, et que les murs sont si endommagés qu'ils sont penchés d'une manière perceptible—et que de fait ils ne sont pas sûrs.

Pour rendre ces deux écluses permanemment sûres, ils serait nécessaire de les faire démolir, et rebâtir entièrement depuis la fondation (en employant la même pierre comme de raison,) mais en vue de l'agrandissement projeté de l'échelle de la navigation de l'Ottawa, il ne sera pourvu, je pense qu'à des réparations temporaires seulement, à l'égard des travaux actuels ; mais même pour ces réparations partielles, qui rendraient ces deux écluses inférieures de la section Carillon disponibles durant la moindre période (disons cinq ans) qu'elles devront. selon les probabilités être requises, les murs de No. 1 devraient-être démolis jusqu'au niveau des basses eaux et reconstruits, et l'enfoncement d'en bas et les murs des tourillons de No. 2 (adjacents à No. 1.) devraient être entièrement démolis et reconstruits en ciment mortier afin d'empêcher l'eau de couler entre les deux écluses.

L'enfoncement supérieur de No. 2 et les deux de No. 3 devront être à peu-près réparés de la même manière, et je suis d'opinion que pour mettre les trois écluses de la section Carillon en état de service, il faudra faire une dépense de £3,000.

Au point où les eaux de la Rivière du Nord sont détournées dans le canal alimentaire deux chaussées ont été construites, une de chaque côté d'une île, qui qui là divise le courant en deux branches. Ces chaussées sont dans un bien mauvais état de réparation, et ne se composent à proprement parler que d'amas de pierres détachées jetées sans-ordre, et qui sont en grande partie enlevées par la glace et les inondations chaque printemps, exigeant ainsi d'être constamment renouvelées. Pour cette raison la navigation du canal est beaucoup obstruée durant les mois d'août et de septembre par le manque d'un approvisionnement suffisant d'eau.

De bonnes chaussées d'une nature suffisamment permanente peuvent être construites pour environ £300.

L'entrée supérieure de ce canal est obstruée par une barre, composée des débris d'une ancienne chaussée en terre. L'étendue de cette obstruction n'est pas bien considérable, mais j'ai différé d'en constater les dimensions actuelles jusqu'à ce que je puisse le faire au moyen de la sonde sur la glace. Elle peut aisément être draguée, et à peu de frais, probablement pas plus de £60, si on pouvait se procurer facilement une drague.

Il y a une batture à-peu-près semblable à l'écluse de la chute aux Blondeaux, formée par la démolition d'un mur de protection et d'une partie du terrassement, dont les pierres et la terre se trouvent maintenant amassées au centre du chenal. L'étendue entière de cet obstruction reste encore à être constatée, mais je ne crois pas qu'elle excède 400 verges cubes, et il suffira de £50 pour l'enlever.

L'écluse No 4, qui a moins de quatre pieds d'élévation, peut être mise en état de service quelques années de plus sans beaucoup de réparations, mais celle-ci ainsi que celles sur la section Grenville, Nos. 5 à 11 inclusivement, devront subir des réparations de temps à autre, consistant principalement à démolir partiellement et enduire de nouveau de ciment (pour empêcher l'eau de passer) les parties de l'évasement de la porte, et les murs des tourillons.

A juger uniquement de l'apparence extérieure des murs d'écluse il n'est pas aisé de calculer jusqu'à quel point il pourra être nécessaire de renouveller la maçonnerie, mais je pense qu'une somme en moyenne de £400 par écluse serait suffisante pour maintenir chacune d'elles en état efficace de service pendant encore quelques années à venir. Ce qui donne une somme ronde de £3,200 pour les réparations des huit écluses au-dessus des rapides Carillon, dont la dépense pourra être portée sur les deux années suivantes.

A travers l'entrée inférieure de la tranchée Grenville, il y a une barre de roches qui obstrue la navigation lors des plus basses eaux, sa surface étant de 18 pouces au-dessus du niveau du busc d'écluse. Les steamers sur cette route tirent rarement plus de quatre pieds et demi quoique les canaux sont pour cinq pieds et demi. Immédiatement en dehors de cette barre, qui a environ vingt pieds de large, l'eau est très profonde, et deux ou trois mines judicieusement placées auraient l'effet de la faire disparaître totalement ; le coût d'une semblable opération, vu qu'il y a à Ste. Anne tous les instruments requis pour miner au fond de l'eau, ne devrait pas excéder £75.

L'entrée supérieure est aussi barrée, mais, en apparence seulement, par une accumulation de galet détaché et de gravier emporté de temps à autre des terrassements. J'ai le projet de prendre des sondes aussi exactement que possible ici et à des points plus bas lorsque la glace sera prise, et je suis d'opinion maintenant qu'au moyen de la drague ou du rateau cette batture peut être enlevée pour moins de £80.

Il n'est pas improbable que le rateau seul suffirait, et si tel était le cas, ce serait certainement le mode le moins dispendieux de se débarrasser de toutes ces barres à l'exception du roc dont il a déjà été parlé.

Les portes d'écluse ne demandent pas de réparations immédiates, vu qu'elles sont dans une condition suffisamment bonne pour supporter l'usure et les accidents ordinaires des travaux de la prochaine saison dans tous les cas, et dans les items qui précèdent, dont un extrait est donné plus bas, se trouvent comprises je crois, toutes les dépenses nettes dont l'estimé est nécessaire pour le présent. Les tranchées étant, comme j'ai dit, toutes de roc, la section des canaux reste presque telle qu'elle était d'abord excavée, vu qu'il ne s'y est pas fait de dépôt assez considérable pour nuire à son utilité.

EXTRAIT.

Estimation du coût des réparations, etc.

Démolition partielle et reconstruction de onze écluses..	£6200	0	0
Reconstruction des chaussées sur la Rivière du Nord..	300	0	0
Pour faire enlever les battures et barres.............	265	0	0
Total.............	£6765	0	0

La propriété de l'ordonnance entre Carillon et Grenville renferme une lisière de terre le long de cette section de canal variant en largeur de 50 à 200 pieds et au-dessus ; les limites en sont bien définies par des bornes en pierre.

N'ayant pas encore fait faire de doubles des plans et coupes de ces travaux tels qu'explorés récemment sous mes instructions du 22 juillet, je prends la liberté de garder les originaux par devers moi pour le présent, à moins qu'ils ne soient demandés immédiatement par le département.

Le tout respectueusement soumis.

Je suis, monsieur,
Votre obéissant serviteur,

W. SHANLY.

T. A. BEGLY, Ecr.
Secrétaire des Travaux Publics,
Toronto.

D.

TORONTO, 2 mars 1857.

MONSIEUR,—J'ai l'honneur de soumettre pour l'information des commissaires le rapport suivant sur les travaux de la rivière St. Maurice, et sur les différents sujets qui s'y rattachent.

En premier lieu, afin qu'on puisse former une juste appréciation des avantages qui résultent des dépenses qui ont été faites, sans parler du développement donné au commerce de bois, j'attirerai respectueusement votre attention sur la rapidité extraordinaire avec laquelle s'opère la colonisation dans la partie du pays la plus immédiatement en rapport avec les travaux. Depuis les établissements en arrière de Berthier, jusqu'à ceux en arrière de Ste. Anne de la Pérade, il se fait un grand mouvement vers le territoire du Saint Maurice. Les lots se prennent presque aussi vite qu'ils sont arpentés, et il est consolant de voir que les colons sont généralement d'avis que plus ils pénètrent dans l'intérieur, plus

ils trouvent la qualité du sol bonne. Les principaux de ces nouveaux établissements sont ceux qui s'étendent en arrière de St. Barnabé et Shawanegan, du
côté ouest du St. Maurice, et du lac Coscette, et de la rivière des Envies du côté
de l'est. Ce mouvement de la part des colons est dû à la grande demande de
produits agricoles à laquelle donne lieu le commerce de bois de l'intérieur, et il
va sans dire que le tout est dû aux travaux qui ont ouvert la rivière St. Maurice
à l'entreprise des commerçants de bois.

La carte annexée indique la position des principaux établissements nouveaux, et des différents endroits mentionnés dans le présent rapport.

Quant au commerce de bois, il augmente graduellement, malgré la dépression
sion qui s'est fait sentir dans cette branche des affaires, durant les quelques
années dernières. Un retour de la prospérité aurait de suite l'effet d'augmenter le
commerce du St. Maurice, et comme une conséquence de donner une nouvelle
impulsion à la colonisation, vu que les besoins du fabricant de bois, engagent
avantageusement le colon à le suivre. Le revenu provenant des droits sur le
bois, des rentes foncières, etc., se montera, selon que m'en a informé l'agent des
terres de la couronne, pour la présente saison à environ £10,000.

Pour se former une idée exacte du progrès qui a été fait, il suffit de comparer le territoire tel qu'il est aujourd'hui avec ce qu'il était lorsque les travaux
furent d'abord commencés, il y a environ quatre ans. A cette époque la colonisation était dans un état stagnant, et la vaste région baignée par le St. Maurice
et ses tributaires était un désert inexploré, ne rapportant rien au gouvernement.

La rapidité extraordinaire avec laquelle les travaux déjà faits, ont servi à
développer les ressources du territoire, est l'argument le plus fort à l'appui du
principe de continuer à tenir tête aux besoins du commerce, à encourager la colonisation, par de nouvelles améliorations qui peuvent de temps à autre paraître
nécessaires.

Je vais énumérer celles qui, à mon avis, sont le plus indispensables aujour-
d'hui, et faire un rapport succinct, sur les travaux qui ont été accomplis durant
la saison dernière, c'est-à-dire, depuis la date de mon dernier rapport annuel.

La Tuque.

La grande chaussée sur la côte Est a été complètement remplie de pierres,
et une jetée additionnelle a été construite pour la supporter, ce qui sert à donner
aux travaux déjà faits une sûreté parfaite.

Il est nécessaire, néanmoins, que des jetées latérales soient construites de
chaque côté du bassin, immédiatement en bas des chûtes, d'autant plus que le
bois, après avoir passé la chaussée, s'accumule, et reste dans les remous où la
houle le jette constamment contre les rochers à son grand détriment. Des jetées
latérales empêcheraient tout-à-fait qu'il n'éprouvât aucun dommage. Il serait
aussi nécessaire d'excaver une pointe de roc, et de faire un revêtement en charpente, un peu plus haut, sur la côte Ouest. Le montant de l'excavation serait
d'environ 1,000 verges cubiques, et la longueur entière des jetées latérales et du
revêtement en charpente d'environ 1200 pieds. Les prix que j'ai indiqués pour
le boisage, quelque peu élevés qu'ils puissent paraître, sont suffisants, en autant
qu'on peut se procurer le bois tout près des travaux.

L'achèvement des travaux à La Tuque est devenu essentiellement nécessaire
vu que plusieurs fabricants de bois se préparent à se livrer à des opérations considérables plus loin que cet endroit.

Rapides Managance.

Pour faire disparaître les obstructions nuisibles à la navigation à cet endroit
un contrat a été donné l'été dernier à la compagnie pour l'exploitation du bois

du St. Maurice. Elle a réussi à faire une partie considérable des travaux, mais les eaux s'étant tout-à-coup élevées, elle fut obligée d'en suspendre l'exécution jusqu'à l'été prochain. Le contrat entraînera des dépenses jusqu'au montant de £300, mais une somme additionnelle de £200 sera nécessaire pour faire disparaître entièrement ces obstacles, et baliser le chenal de manière à ce que les steamers puissent passer aux eaux les plus basses.

Grande Mère.

A cet endroit les travaux sont en bon ordre ; de nouveaux chalands ont été fournis le printemps dernier, et durant le présent hiver la chaussée-ailé a été partiellement revêtue de madrier.

Shawanegan.

Une jetée considérable a été placée à 35 pieds d'eau, au-dessus des chutes, et c'était d'un avantage essentiel pour faciliter les travaux d'étendre les bômes, et pour les raffermir dans leur position. Les jetées dans la baie inférieure au bôme de Hêtre ont été élevées, tel que proposé, à une hauteur suffisante, et munies de poteaux de bômes, chaînes, etc. Les autres jetées dont la construction à cet endroit est projetée, sont maintenant sous contrat, et l'ouvrage progresse. Une somme additionnelle de £250 sera nécessaire pour compléter les travaux aujourd'hui commencés, et environ £187 10s. 0d. pour acheter les chaînes additionnelles. Il serait aussi avantageux de bâtir une bonne maison pour loger le maître des glissoires et les hommes qui ont soin des bômes—et pour cet objet j'ai inséré £200 dans les estimés.

Les chutes des Grès

Les bômes ici sont en bon ordre. Le contrat pour les jetées en charpentes pourvoit à tous les travaux maintenant projetés.

Embouchure du St Maurice.

Une jetée de plus a été construite au dessus du pont dans le chenal Est, et des poteaux de bôme ont été placés dans les autres jetées, tel que recommandé dans mon dernier rapport annuel. En vue d'une augmentation dans le commerce, il serait nécessaire de construire deux jetées additionnelles dans le chenal Est, et je les ai en conséquence comprises dans les estimés.

Chemins du St. Maurice.

Depuis que le commerce de bois est commencé sur le St. Maurice, les personnes qui s'y trouvent engagées n'ont jamais rencontré de difficulté plus grande que celle d'expédier leurs provisions de Trois-Rivières aux eaux navigables, aux Grandes Piles. Le chemin construit l'été dernier par le département des terres de la couronne, entre ce dernier endroit et Shawanegan, a bien obvié à cette difficulté, mais l'ancien chemin de Trois-Rivières à Shawanegan, particulièrement la partie entre les forges St. Maurice et l'église St. Etienne, est encore dans un état tel qu'il est très dispendieux d'envoyer des provisions par cette route. Rien ne saurait être plus avantageux au commerce que de le bien réparer, de manière à ce que des voitures chargées pûssent y passer facilement en toute saison ; et non seulement les fabricants de bois en retireraient du profit, mais comme ce chemin est la principale grande voie remontant le St. Maurice, son amélioration aurait l'effet important et avantageux d'avancer la colonisation du pays. Pour les premiers quinze milles du chemin, c'est-à-dire pour la partie entre Trois-Rivières et l'église St. Etienne, j'ai fixé £100 par mille, et £75 par mille pour les huit derniers milles sur la partie entre l'église St. Etienne et la jonction du nouveau " chemin des Piles" dans Shawanegan, la distance entière étant d'environ 23 milles.

Travaux Nouveaux.

Vient ensuite en fait d'importance pour le chemin et pour les additions et extensions qu'on se propose de.faire aux travaux, l'amélioration des chutes des Iroquois sur la rivière Vermillion. Cette.rivière, comme on le verra en référant à la carte, joint le St. Maurice principal de l'ouest, à environ 18 milles au dessus de La Tuque. Elle baigne une grande étendue de contrée riche en bois précieux mais les chutes dont il a été. parlé forment un obstacle, absolument insurmontable pour la descente sûre des billots ou du bois équarri. Dans mon dernier rapport annuel, j'ai proposé une appropriation de £5,000,—la partie de cette somme qui serait nécessaire devant être.d'abord. employée à faire des glissoires aux chutes, et la balance à enlever les obstacles entre ces chutes et le St. Maurice, laissant toute autre amélioration qui pourrait être nécessaire à l'entreprise individuelle Si ces améliorations étaient faites, une vaste étendue de territoire serait ouverte au public et la vente des limites de prix devenue possible par ce moyen, rembourserait amplement les dépenses dans.deux ou trois ans, j'en suis convaincu.

Chaussées aux Grandes Piles.

Sous le titre de " Travaux nouveaux" je puis mentionner qu'il a été suggéré par quelques-uns des plus intéressés dans le trafic de la rivière, qu'il découlerait de grands avantages de la construction d'une chaussée à travers le St. Maurice aux Grandes Piles, au moyen de laquelle, est-il allégué, un volume suffisant d'eau serait obtenu pour permettre aux billots de flotter au-dessus de toutes les battures plus haut que cet endroit dans la saison des plus basses eaux—la navigation des bateaux à vapeur serait facilitée aux bancs de sable Miquinnac et aux rapides Maganance—un pouvoir d'eau serait acquis pour l'alimentation des moulins et des manufactures qui, on le croît, seront bientôt nécessaires pour les besoins des établissements prospères de cet endroit. Je ne suis pas prêt à donner mon opinion définitive sur ce sujet, vû que je n'ai pas fait l'étude de la localité. Il est hors de question que ce serait un grand avantage pour la navigation des bateaux à vapeur que de donner une plus grande profondeur aux eaux sur les bancs de sable Miquinnac et aux rapides Managance ; mais la construction de la chaussée serait un ouvrage qui entraînerait des dépenses considérables, et je suis d'opinion, que sans nuire aux intérêts particuliers, on pourrait la retarder pour le présent.

L'an dernier les bômes et les glissoires ont fonctionné avec un succès parfait, et.le coût d'entretien a été en même temps considérablement moindre que durant la saison précédente. Ceci est en partie dû à la baisse des eaux, mais principalement aux additions faites aux travaux. Les améliorations maintenant proposées auraient l'effet de diminuer encore les frais d'entretien.

Je prends respectueusement la liberté de soumettre l'estimation ci-annexée à la considération des commissaires, et

J'ai l'honneur d'être,

Monsieur,

Votre très-obéissant serviteur,

(Signé)   S. J. DAWSON.

Estimation du coût probable des travaux mentionnés dans le précédent rapport.

La Tuque—Les jetées latérales et revêtement en charpente de 1,200 pieds de longueur, d'une hauteur de
12 pieds moyenne et d'une largeur de dix, nécessi-
teront 14,400 pieds de bois neuf, devant faire face
au courant, à 7½d.........................£450 0 0
35,000 pieds de bois en grume et équarri sur deux faces,
pour le fonçage, les traverses et la paroi du caisson
de l'autre rive, le bois équarri n'étant pas nécessaire, à 4d 583 0 0
3,400 verges cubes de remplissage en pierre, la pierre
se trouvant près des travaux, à 2s. 6d.......... 425 0 0
4,480 lbs. pesant de fiches, à 5s.................... 93 0 0
1,000 verges d'excavation du roc, à 7s. 6s........... 375 0 0
                    ————————£1,926 12 8

Rapides Managance—Pour enlever les obstructions et
placer des bouées dans le chenal afin que les
steamers puissent y passer dans les plus basses
eaux, il sera besoin d'une somme additionnelle de 250 0 0
Shawanegan—Pour terminer les travaux commencés... 250 0 0
Pour l'achat de deux cents brasses de chaîne, de ¾ de
pouce environ, disons 100 verges cubes, à 37s. 6d. 187 10 0
Pour construire une maison pour le maître de glissoire
et les hommes employés dans les bômes......... 200 0 0
Chemins du St. Maurice—15 milles, depuis Trois-
Rivières à l'église St. Etienne, à £100 par mille,
coûteront................................1500 0 0
Huit milles, depuis l'église St. Etienne jusqu'à la
jonction du chemin des Nouvelles Piles, à £75 par
mille, coûteront............................. 600 0 0
                  ———— 2100 0 0

Embouchure du St. Maurice—Pour les 2 jetées de
30 × 20, devant être calées à une profondeur de 12
pieds, il sera besoin de 6000 pieds de bois de
pavement, à 9d............................. 225 0 0
7,000 pieds de pièce de fonçage équarries sur deux
faces et traverses, à 6d....................... 175 0 0
750 verges cubes de remplissage en pierre, à 5s...... 187 0 0
2,240 lbs. pesant de fiches, à 5s.................... 46 0 0
                  ———— 634 13 0

                      £5548 6 0

En sus pour la surveillance et les dépenses contingentes, 10s..................................... 554 16 7
Rivière Vermillion—Pour racheter les chutes des
Iroquois par une glissoire et enlever les obstructions
entre elles et le St. Maurice, il sera besoin, suivant
le rapport, d'une somme de.................... 5000 0 0

     Total...................... £11,103 2 7

(Signé)   **S. J. DAWSON,**
Surintendant des travaux sur le St. Maurice.

E.

OTTAWA, 11 décembre, 1856.

MONSIEUR,—Conformément aux instructions que j'ai reçues des honorables commissaires des travaux publics (lorsqu'ils se trouvèrent dans l'Ottawa le 6 octobre dernier) de procéder dans le Saguenay jusqu'au lac St. Jean, et examiner la rivière dans le but de constater les améliorations à faire pour permettre aux.gens de descendre leur bois de ce lac à l'eau montante, aussi les frais de ces améliorations, et dans quelle saison de l'année les travaux devraient-être construits—et enfin s'il y a, dans les environs des tributaires qui se déchargent dans le lac St. Jean, une quantité suffisante de bois de construction pour justifier le gouvernement à dépenser de l'argent à améliorer la rivière.

Conformément à ces instructions, j'ai laissé cette cité le 9e jour d'octobre, et en arrivant à Québec, j'ai trouvé que les bateaux à vapeur avaient discontinué leur voyage au Saguenay, mais je réussis dans la soirée du 13 à avoir un passage sur le steamer "Passport," consigné à un endroit situé à 50 milles environ au-dessous du Saguenay, sur le St. Laurent. Mon associé et moi débarquâmes le lendemain matin à Tadousac, où nous fûmes obligés d'attendre 4 jours pour du bon vent, afin de remonter le Saguenay jusqu'à Chicoutimi. Nous arrivâmes à cet endroit le matin du 18, et, comme la saison était bien avancée et aussitôt que nous eûmes fait nos préparatifs en hommes, canots, provisions, etc., nous laissâmes Chicoutimi le dimanche matin, 19, pour le lac St. Jean.—Je crus qu'il était à propos de m'y rendre sous le plus court délai possible, et de faire mes recherches à mon voyage de retour. J'ai pu voir ainsi tous les obstacles avant de faire aucune exploration et déterminer la nature des améliorations qui conviendraient le mieux à cette rivière.

Arrivé au lac St Jean par la Petite Décharge, le soir du 21, je trouvai, après des recherches attentives que les deux décharges et le lac St. Jean s'élèvent ordinairement de 18 à 20 pieds des basses aux hautes eaux, et quelquefois plus dans les endroits où la rivière est étroite.

Le volume d'eau de la Petite Décharge est à peu près le même que celui de la rivière Gatineau, mais la grande décharge est vingt fois plus large, j'en suis certain. Les améliorations sur la rivière Saguenay doivent-être faites pour des pièces de bois détachées, et le seul moyen qu'il y ait de sortir du bois du lac St. Jean est par la petite décharge; les obstacles sont comparativement petits et peuvent facilement disparaître au moyen d'améliorations dont le résultat sera satisfaisant, vu qu'heureusement il se trouve quatre chenaux qui forment la décharge du lac St. Jean dans la petite décharge du Saguenay. Ces chenaux, je me proposais de les boucher, à l'exception d'un seul que je boucherais, encore, de moitié; l'on pourrait ainsi régler l'eau de manière à convenir aux travaux que l'on recommande de construire sur cette branche de la rivière au dessous. L'obstruction de ces chenaux du lac ne peut faire aucun dommage, vu que l'eau inutile dans la Petite Décharge, passerait dans la Grande Décharge, pendant que les améliorations qui se feraient dans le bas de la rivière n'éprouveraient aucun dommage des inondations et pourraient se conduire très facilement. L'esquisse ci-jointe fera voir l'étendue et la nature des améliorations demandées qui, une fois construites, établiront une chaîne non interrompue de navigation depuis le lac St. Jean jusqu'à Chicoutimi ou la marée montante, auquel dernier endroit il faudra placer un barrage solidement assujetti.

Chacun des quatre chenaux en question est d'environ $\frac{1}{4}$ de mille en longueur, c'est-à-dire depuis le lac jusqu'à l'endroit où ils se rassemblent tous : dans cet espace il y a une chute de 20 pieds. Il n'y a point d'autres améliorations à faire que de boucher les chenaux à leur naissance, comme il est dit plus haut, ce qui aura l'effet de modérer l'eau dans la Petite Décharge

Tous ces chenaux ont des lits solides en roc et des rives escarpées. Depuis le pied des rapides pour une distance de trois milles, la rivière est large et profonde ; à l'extrémité de cette distance il y a un rapide appelé l'Ilet dont la chute a 12 pieds dans l'espace d'un ¼ de mille. Ici, il y a une île vers le milieu du cours d'eau; l'un des chenaux ainsi formé est sûr, l'autre devrait être bouché. L'extrémité inférieure du rapide s'améliorera par la construction d'une chaussée un peu plus bas dans la rivière (environ deux milles). La rivière dans cet endroit est une belle nappe d'eau, large et très profonde, et s'il y avait comme il est indiqué dans l'esquisse, un bôme de 1000 pieds, 500,000 billots de sciage pourraient y être gardés en toute sûreté. Depuis la chaussée mentionnée en dernier lieu, la rivière, pour une distance d'un mille et demi, a une pente d'environ 90 pieds, formant ce qui est appelé le rapide de Gagnon, le pire que j'aie jamais vu. Dans quelques endroits il a près d'un demi mille de large, et rempli d'immenses cailloux et de masses de roches qui sont tombées des rives élevées. Le rapide Gagnon, je le considère comme le plus grand obstacle qu'il y ait dans la rivière depuis le lac St. Jean jusqu'a la marée montante, et les glissoires sont les seules améliorations qu'on puisse y faire. La glissoire qu'il faudrait, devrait avoir 6750 pieds de long, avec 4 pieds de largeur et 3 pieds de profondeur et la moyenne de la hauteur, dans toute la distance, devrait-être de dix pieds. Pour les fondations, je recommanderais des pièces de bois arquées, vu que c'est le plan qui prend le moins de bois et qu'il n'est pas sujet à faire ses efforts. *Voir section transversale de la glissoire sur l'esquisse.*)

Ci suit une estimation de la quantité et du prix des matériaux qu'il faudra pour améliorer la rivière, basée sur les mesurages et les calculs les plus soignés.

La longueur totale des quatre chaussées, formant les chenaux sur le lac, de celle de l'Islet et de celles immédiatement au-dessus du rapide Gagnon, et la tête de la glissoire, sera d'environ 1250 pieds, et sa hauteur, en moyenne, de 18 pieds. La quantité de bois pour toutes les chaussées, disons du bois équarri mesurant 12 pouces d'épaisseur dans l'ouvrage, sera de 57,888 qui à 9d. le pied,

couteront..£2170	16	0
Madriers de revêtement, de 4 pouces d'épaisseur, P. M.,124,800 à 65s. 405	12	0
Fer pour les chaussées, en livres 16,536 à 6d. 413	8	0

Coût total de toutes les chaussées...................£2989 16 0

La quantité des matériaux et le coût de la glissoire de 6750 pieds de long, 4 pieds de largeur et 3 pieds de profondeur, seront comme suit, savoir :

675 longueurs transversales de 12 pieds de long, 12 x 12 G. M, 97200 pieds à 65s.. £315	18	0
1340 bandages pour les poteaux du bras, de 8 pieds de long, 10 x 10 G. M, 32400 pieds à 65s................................. 105	6	0
675 pièces de recouvrement, de 10 pieds de long, 10 x 10 do, 56250 pieds à 65s.. 182	16	0
13500 pieds cubes de bois pour les poutrelles à 9d............... 506	5	0
1135 billots à clefs de 12 pieds de long, 10 x 10, 112500 pds. à 65s.. 365	12	6
2250 poteaux pour les côtés des glissoires de 5 pieds de long, 10 x 10, 75000 pieds, à 65s.................................... 243	15	0
2250 courts liens, 2½ pieds de long, 4 x 4, 7500 pieds à 65s....... 24	7	6
Madriers pour les glissoires, 412250................. 1339	16	3
6600 lbs. de boulons et fiches pour do à 6d. par livre........... 165	0	0
942 verges cubes d'excavation à la tête de la glissoire, à 7s. 6d... 353	5	0

Coût du déblai d'une étendue large de 100 pieds et longue de 6750 pour la glissoire et pour veiller au cas d'incendie....... 150 0 0
Coût de l'entourage, des barrages, des billots, virevaux, etc....... 100 0 0
" du bôme latéral et des jetées à la tête de la glissoire.......... 93 10 0

Coût total de la glissoire............ £3945 11 8

Du pin blanc sain, tout à fait propre à ces travaux, se trouve dans le voisinage immédiat de ces endroits différents.

Estimation d'un bôme d'arrêt, à la tête de la longue glissoire, de 1000 pieds de long :—

Ce bôme, devant être en pièces de pin blanc, équarries à quinze pouces d'épaisseur, ne mesurant pas moins de quinze pouces au petit bout et d'une longueur de pas moins de quarante pieds chacune, devra être lié par plusieurs chaînes de ¾ pouces, et recevoir des têtes et des piquets, à chaque extrémité. Les têtes devront être de 12 pieds de long et 6 pouces d'épaisseur. Les piquets devront être en chêne blanc de 5 pouces de diamètre et travaillés au tour. Tous les matériaux ci-dessus décrits devront être mis et portés les uns les autres, au même taux de 5s. par pied linéaire—£260.

J'ai toujours trouvé que les bômes faits suivant les principes ci-dessus spécifiés sont plus forts et plus durables.

D'après les chiffres qui précèdent on verra que le coût total des améliorations recommandées par moi pour la petite décharge est de :

Pour les chaussées.... ....£2989 16 0
Pour la longue glissoire, etc.......................... 3945 11 8
Pour le bôme..... .... 250 0 0

Total. £7185 7 8

Ces améliorations sont tout ce qu'il faudrait ; et lorsqu'elles seront faites, les bois passeront du lac St. Jean à marée montante dans toutes les saisons de l'année, pourvu que la glace ne forme point d'obstacles.

Comme j'ai en outre reçu des instructions de recueillir tous les renseignements sûrs concernant la quantité de bois qui se trouve dans les environs du lac St. Jean et de ses tributaires, je me suis adressé à M. Duberger, l'agent des terres de la couronne résidant à Chicoutimi, et il m'a transmis son rapport sur ce sujet et m'a donné aussi une esquisse compilée sur des notes d'exploration et de mesurage faites en français dans cette partie du pays par les Révérends Pères Jésuites, que je transmets l'une et l'autre ci-joint au département. J'ai aussi obtenu des renseignements d'autres sources qui corroborent ce qui se trouve dit dans les documents transmis. Le cas se trouvant favorable, je suis d'opinion que le gouvernement se croira justifiable de faire les déboursés recommandés. D'ailleurs, ces travaux terminés rapporteront un bon revenu ; car en supposant qu'il n'y aurait que 200000 billots de sciage coupés tous les ans, le droit du gouvernement, à 5 deniers par billot, se monterait à..................... £4166 13 4
Pour l'usage des glissoires à 2d. par billot..................... 1660 13 4
Et s'il est coupé tous les ans 1500000 pieds de pin blanc (et c'est une petite quantité pour un territoire aussi grand) le droit sur cette quantité, à ½ denier par pieds, serait de............... 3146 0 0
Droits de glissoires et bôme sur do à 4d. par mx. 70 pieds (moyenne) 357 2 10

£9315 9 6

Si la rivière n'est améliorée par l'esprit d'entreprise publique ou privé, le pays ne retirera aucun profit de cette vaste étendue de terres à bois, situées dans les environs du lac St. Jean.

J'ai appris que les terres qui environnent le lac sont très favorables aux opérations agricoles, et que si les fabriquants de bois s'occupaient activement dans ces environs, les colons pourraient vendre le surplus de leur produit à des prix élevés et profitables.

Bien que les honorables commissaires ne m'avaient pas demandé de rapport sur d'autres améliorations que celles que j'ai déjà mentionnées, il me semble cependant qu'il y aura en toute probabilité de nombreuses demandes de limites sur les rivières qui se déchargent dans le lac St. Jean, et qu'il sera indispensable d'avoir un bôme d'arrêt à la tête des eaux montantes à Chicoutimi.

M. Price a un bôme de 2½ milles de long dans une très bonne position, mais il n'est pas assez solide pour arrêter une bien grande quantité de bois. Ce monsieur a un grand nombre d'aneres et de chaines qui supportent l'ancien bôme, et s'il les donnait pour le nouveau, cela diminuerait de beaucoup les dépenses. J'estime donc que le coût d'un bôme fort de 2¼ milles de long, sans les ancres et cordages de retenue, serait de £2,500.

Si les honorables commissaires se décident à commencer les travaux du Saguenay, je recommanderais qu'ils soient faits par contrat et que l'entrepreneur ou les entrepreneurs aient le délai d'une année pour compléter ceux de la Petite Décharge. Un contrat pourrait être passé de bonne heure en avril prochain, ce qui permettrait d'acheter les matériaux pour les travaux d'été ; pour cela, l'on peut s'en occuper lorsque l'eau est basse, vu que les chaussées à la tête de la Décharge ne peuvent se construire qu'à l'eau basse. Si le bôme d'arrêt à Chicoutimi doit se faire (et je ne pense point que la fabrication du bois puisse se faire avec avantage sans cela) l'entrepreneur devrait avoir six mois de plus qu'il n'est alloué pour les autres travaux vu que le bois convenable pour ce bôme ne peut s'obtenir que dans les environs du lac St. Jean et doit passer par les glissoires nouvelles. Avec cet arrangement le bôme serait à sa place et prêt à recevoir le bois, dans le printemps suivant.

L'esquisse ci-jointe indique la Petite Décharge du lac St. Jean, la localité des travaux projetés, l'élévation des chaussées, les sections transversales de chaussées et de glissoires, et le principe d'après lequel le bôme sera réuni ensemble. Je me flatte qu'il donnera aux honorables commissaires les renseignements désirés.

Je n'ai pas envoyé de spécifications pour la construction des chaussées latérales et des bômes, mais je le ferai si on le demande, vu que j'ai gardé copie de mes notes et dessins.

En vous soumettant le tout.

J'ai l'honneur d'être, monsieur.

Votre très obéissant serviteur,

(Signé,)　　HORACE MERRILL,

Surintendant des travaux de l'Ottawa.

F.

Montreal, 10 Octobre 1856.

Conformément aux instructions qui m'ont été données relativement à l'amélioration des rivières Yamaska, St. François et Nicolet, situées au sud du lac St. Pierre, j'ai fait au commencement de septembre l'examen de ces rivières, depuis leur confluent avec le lac St. Pierre, en montant, jusqu'aux points ou endroits à l'intérieur où le chenal se trouve plus ou moins barré par des obstacles d'une nature si formidable que les enlever ou autrement les vaincre m'a paru dépasser les limites que l'on a eues en vue dans mes instructions, et que ce serait pareillement, si je ne me trompe pas, faire plus de dépenses que le trafic des localités ne saurait justifier.

Les dessins qui accompagnent le présent, et que j'ai dressés d'après les observations que j'ai faites en passant, indiquent correctement les différents sondages qui ont été faits dans le temps le long des divers chenaux que m'ont indiqués des pilotes expérimentés, et donnent un aperçu assez fidèle des distances relatives et de la position et du contour des rivières respectivement, en autant que je les ai examinées, et ils donneront, je crois, en l'absence d'études plus travaillées, une idée assez correcte de la capacité de chacune d'elles et de leur susceptibilité d'être améliorées, tout en fournissant les principales données qui peuvent servir de base à l'estimation approximative des dépenses qu'il faudrait encourir pour faire les améliorations qui pourront être jugées nécessaires pour les rendre, jusqu'à un certain point navigables pour la classe de vaisseaux qui convient au trafic, en autant que les obstacles naturels qui s'y rencontrent peuvent le permettre.

Mais avant d'entrer dans les détails, je crois devoir, pour éviter de me répéter, attirer l'attention des commissaires sur quelques faits principaux qui s'appliquent à ces trois rivières, sinon à toutes celles qui se déchargent dans le lac St. Pierre.

Comme il est bien connu que le chenal des vaisseaux, entre Québec et Montréal, passe presque au milieu et en ligne parallèle du lac, qu'il y a entre le chenal et les bords, de chaque côté, une grande étendue d'eau peu profonde qui, à certains endroits du côté sud, mesure au moins trois milles de largeur, et que ces battures sont généralement formées de glaise molle couverte ça et là de sable fin, surtout à l'embouchure des rivières où il paraît s'être déposé du sable et d'autres débris sur une distance d'un quart à un demi mille au large, ces dépôts se trouvant plus ou moins considérables à chacun de ces endroits, celui qui en est le plus exempt étant le bras de l'ouest de la rivière Yamaska, qui a plusieurs milles de longueur et qui court presque à angle droit avec la branche principale de cette rivière et en ligne parallèle avec le St. Laurent—je n'entreprendrai point de discuter ici si ces barres résultent de la rencontre du courant des rivières avec l'eau morte du lac, ou si elles sont formées par la glace qui vient s'échouer et s'amonceler à l'embouchure des rivières avant que la glace du lac se brise, en empêchant par là le détritus de passer outre.

Il suffit, pour l'objet qui nous occupe, de savoir que ces effets sont produits par des causes qu'on ne fera probablement pas disparaître par le simple creusement des chenaux, car il est parfaitement démontré par l'expérience de tous ceux qui ont fait attention à ces sortes de sujets, que généralement chaque fois qu'on a enlevé au moyen du draguage des barres placées dans la même position, elles se sont remplies de nouveau si l'on n'a point pris les précautions nécessaires pour prévenir la possibilité de leur formation, et il n'est pas moins vrai que dans bien des cas, même les plans les mieux imaginées pour la protection de chenaux artificiels, n'ont pu atteindre leur objet, surtout aux embouchures de rivières sujettes à de fréquentes variations dans leur niveau, et qui dans leur cours emportent avec elles de grandes quantités de terrain d'alluvion, tandis que l'action directe et quelque fois l'action indirecte des glaces qui s'amoncellent dans l'embouchure exerce, sur la formation de ces barres, une influence que nulle précaution ordinaire ne saurait détruire.

Ces faits sont donnés dans le but d'indiquer quelques unes des difficultés inévitables qu'il y a à surmonter, et de faire voir ce qu'il y a d'incertain dans l'accomplissement d'améliorations du genre de celles qui sont suggérées dans les instructions qui n'ont été fournies.

Après ces remarques d'un caractère général, j'attirerai en peu de mot votre attention sur chacune des trois rivières en question, et je le ferai dans l'ordre suivant, savoir :

RIVIÈRE YAMASKA.

Cette rivière qui prend sa source dans Missisquoi, traverse et égoutte une grande partie des comtés de Rouville, de St. Hyacinthe et de Richelieu, à l'ouest, et de Shefford, Bagot et Yamaska, à l'est ; durant les eaux hautes du printemps elle est navigable pour les barges et autres petites embarcations sur une distance d'environ 24 milles de son embouchure, mais vers le cœur de l'été, dans les saisons ordinaires, il n'y a que les bateaux d'un très petit tirant d'eau qui peuvent y passer, et encore est-ce avec difficulté, car le chenal est en général très étroit et dans bien des endroits très difficile à suivre. Le courant étant très léger, la chute est par conséquent très peu considérable jusque vis-à-vis le village de St. Aimé où se trouve un rapide et une barre de cailloux de près d'un mille de long. C'est ici que j'ai commencé mon examen, à environ 15 milles en haut de l'embouchure du bras de l'ouest. Plus bas, la rivière a de 500 à 700 pieds de large, et même plus à certains endroits. Les côtes depuis St. Aimé, en descendant, jusqu'à un grand mille en bas du village d'Yamaska, sont généralement hautes, mais il se présente par-ci, par-là, des platins et des îles qui paraissent se couvrir plus ou moins d'eau dans les grandes crues. Les deux rives sont parsemées de bâtiments à l'apparence propre, élégante et parfois de la meilleure classe, qui font croire à un village continu de 8½ bons milles de longueur, de chaque côté. Les villages d'Yamaska et de St. Aimé se dessinent sur des plateaux d'une certaine élévation et sont situés sur la rive nord de cette rivière. A en juger par les campagnes environnantes et d'après l'apparence générale de ces villages, ils sont dans un état aussi prospère que la plupart des villages de l'intérieur de cette province.

En jetant un coup d'œil sur le dessin, et en faisant attention aux sondages depuis St. Aimé, en descendant, jusqu'au village d'Yamaska, on verra que

Sur	5/6	de mille la hauteur d'eau est en moyenne de	2½	à	4	pieds.
"	2/5	" " " "	2-2½	"	3	"
"	1	" " " "	3-3½	"	4	"
'	1 1/6	" "	3	"	4½	"
'	2/3	" "	3½	"	5	"
	1/5	" "	4½	"	5	"
	1/5	" "	4	"	6	"
'	9/10	" "	4½	"	7	"
'	7/10	" "	5	"	6	"
'	9/10	" "	5	"	7½	"
'	1/10	" "	6	"	8	"

Et depuis Yamaska, en descendant, jusqu'à la fourche des bras de l'est et de l'ouest :

Sur	1	mille la hauteur d'eau varie de	6-7	à	8	pieds.
"	3/5	" " "	2½	"	5	"
"	1/5	" " "	5	"	7	"
"	3/5	" " "	7	"	9	"
"	5/5	" " "	4½	"	10	"
"	1/2	" " "	10			

Depuis la fourche, par le chenal de l'ouest, on trouve partout une hauteur d'eau de 10 pieds, et par le chenal de l'est cette hauteur varie de 3½ à 5 et 8 pieds pour une distance de trois quarts de mille, et ensuite de 9 à 10 pieds jusqu'à environ un mille et demi au large, où elle devient, pour une petite distance, de 7½ à 8 pieds seulement.

Il ne faut cependant pas oublier qu'on nous a dit de bonne autorité qu'il arrive souvent que l'eau baisse de 15 pouces plus bas qu'elle n'était au temps du sondage, et qu'au village d'Yamaska la variation entre les eaux les plus hautes et l'eau basse, est de dix pieds au moins ; mais sur la plus grande élévation, on peut dire que les amas de glace y sont pour au moins de 5 à 6 pieds tous les ans, le reste étant dû à l'augmentation du volume d'eau produit par la fonte des neiges, et le drainage général du pays. D'après ce qui précède, il est évident que les vaisseaux propres à la navigation du lac St. Pierre, ne sauraient monter plus haut qu'à un mille et demi d'Yamaska, où l'eau baisse de 15 pouces plus bas que les sondages qui sont indiqués au dessin.

En passant dans cet endroit, j'ai remarqué un bon nombre de barges qui étaient échouées à différentes places ; dans quelques cas, cela était dû aux sinuosités et au peu de largeur du chenal, et dans d'autres, la cause en provenait des battures qui barrent directement la rivière. Lorsque ces accidents arrivent, on jette à l'eau les cargaisons, qui se composent principalement de bois de corde, et les propriétaires se considèrent bien heureux s'ils réussissent par ce moyen à dégager leurs vaisseaux et à les mettre à flot en bonne eau.

En considérant le sujet des améliorations à faire pour la navigation de cette rivière, depuis son embouchure, en montant, jusqu'au point où finit mon examen, les questions qui suivent se présentent tout naturellement : Quelle est la hauteur d'eau qui peut raisonnablement être obtenue,—quels sont les moyens à prendre pour arriver au résultat voulu ?

S'il faut faire des améliorations quelconques, il n'y a pas de doute qu'il faille obtenir une hauteur d'eau de 7 pieds, ou d'au moins 6 pieds, si l'on veut que les barges qui font le trafic du lac puissent en profiter. Pour y parvenir, le moyen de draguage est le premier à se présenter, comme mode le plus simple, sinon le plus expéditif. Mais si l'on tient compte du fait que le chenal actuel est en bien des endroits très étroit, que les battures sont très longues, et que partie, sinon la grande masse des matériaux qui forment le lit de la rivière, est d'une nature très difficile à enlever, il s'élève la question de savoir quel serait le meilleur moyen à prendre pour atteindre notre but, ou de creuser le chenal, ou de chercher à maintenir l'eau à la hauteur des eaux du printemps,—c'est à dire, au niveau que produit la fonte des neiges ou le drainage.

Au moyen de draguage, il est clair qu'on n'obtiendrait un chenal propre à la navigation que sur la distance qu'on aurait creusée, tandis qu'en faisant monter l'eau, on la ferait refouler jusqu'en haut du rapide de St. Aimé, où les vaisseaux qui peuvent y monter le printemps, pourraient le faire en toutes saisons ; pour obtenir ce dernier résultat, il serait nécessaire de construire une dame et une écluse, soit à l'île qui est vis-à-vis du village d'Yamaska, ou tout au plus à une petite distance plus haut. D'ailleurs, s'il y a lieu à faire quelques améliorations il ne parait pas y avoir de raison de les arrêter à l'une ou à l'autre de ces places, vu que c'est la section supérieure du pays qu'arrose la rivière, qui fournit le plus grande partie du commerce qui consiste principalement en bois scié, en bois de corde, et en produits dont les habitants peuvent se dispenser pour leurs besoins domestiques, et qu'ils destinent au marché.

Sur la demande qui lui en a été faite, I. Gill, écr., M.P.P., nous a fourni les renseignements suivants, savoir : Qu'on emploie au commerce de la rivière, de 75 à 100 bateaux et barges, de différentes grandeurs, et qu'on y expédie annuellement de 25,000 à 40,000 cordes de bois, des quantités considérables de bois d'échantillon, du grain, des chevaux, des bêtes à cornes, des moutons, etc.

N'ayant réussi à me procurer de meilleurs renseignements que ce qui précède, sur le commerce, je ne vois guère de raison d'entrer au long sur le sujet, et de le discuter au point de vue rémunératif ou autrement, et je me contenterai en conséquence d'attirer l'attention sur les travaux les plus propres à ouvrir au commerce, la plus grande étendue de rivière et qui tourneraient à l'avantage du plus grand nombre, et avec cet objet en vue, l'érection d'une dame et d'une écluse en bas du village d'Yamaska, au point déjà indiqué, semble être ce qu'il y aurait de mieux et de moins dispendieux à faire, si toutefois ce n'est pas là le seul moyen que la nature et les circonstances permettent d'adopter pour rendre cette partie de la rivière navigable pour des vaisseaux d'un moyen tirant d'eau durant les basses eaux de l'été.

La dame, et conséquemment l'écluse aussi, devrait être assez haute pour donner à l'eau, disons, une hauteur de '4½ pieds au dessus de son niveau actuel, ce qui produirait dans le chenal, en montant, une hauteur d'eau suffisante pour dispenser de ·tout draguage ; tandis que l'escarpement des côtes empêcherait l'eau de se répandre au loin, et de couvrir plus de terrain qu'elle n'en couvre ordinairement dans les crues moyennes, ce qui se borne à quelques platins et aux parties basses de quelques unes des îles.

L'écluse pourrait être de la même grandeur que celles du canal Chambly, et ce serait assez pour la classe de vaisseaux dont on fait usage aujourd'hui ; la dame pourrait être en charpente, et construite à peu près sur le même principe que celle de St. Ours.

Coût de l'écluse, excavation des approches, la somme de £12,500
Dame, etc., etc. 10,000
Surveillance, terrains, dommages et dépenses contingentes, ... 7,500

£30,000
Draguage en bas de la dame, jusqu'à la fourche des 2 bras,..... 2,000
Couper les pointes, dans le chenal de l'ouest................. 750

£32,750

S'il faut améliorer le chenal de l'est qui débouche dans le lac St. Pierre, et qui est principalement adapté au commerce qui se fait du côté d'en bas, il en coûtera £2,000, mais il n'est pas certain qu'il se maintienne ouvert.

RIVIÈRE ST. FRANÇOIS.

Cette rivière a sa source dans le township de Wolfe et traverse Sherbrooke, Drummond, et Yamaska, arrosant une grande étendue de territoire dans les townships. Durant les hautes eaux, les vaisseaux d'un faible tirant montent fréquemment à une distance considérable dans l'intérieur, et des trains de bois de différentes espèces en descendent. Pendant que j'étais dans ces environs, non attention fut attirée par un grand vaisseau, dit avoir été construit à Drummondville, à environ trente milles en haut de la rivière ; je fus de plus informé que ceci se voyait fréquemment.

J. Gill, écr., M.P.P., me donna les informations suivantes, savoir : Il y a d'employé sur la rivière de 75 à 100 bateaux et barges de différentes dimensions, tirant de trois à huit pieds d'eau quand ils sont chargés.—Quatre moulins à scie et six moulins à farine, en tout treize paires de roues (il n'est pas dit où)—de 25,000 à 40,000, cordes de bois sont expédiées annuellement, à part le bois scié, et les quantités de grain, le nombre de bétail, moutons, et chevaux, que les habitants ont à leur disposition.

La rivière près de son débouché dans le lac St. Pierre varie de 500 à 800 pieds de largeur. Un peu plus loin une grande île la partage en deux parties de dimensions à-peu-près égales, mais la plus profonde, et comme de raison le chenal adopté, quoique le plus long, est située sur le côté nord de l'île. De là elle passe à travers un nombre de petites îles jusqu'à ce qu'elle arrive presqu'à l'opposite du village St. François, où l'espace et la vue d'un côté à l'autre ne sont pas interrompus. Le chenal profond est étroit et tortueux dans tout son cours. Les côtes sont escarpées et d'une grande hauteur. Le village de St. François et le village Sauvage sont situés, le premier au sud, et le dernier au côté nord de la rivière, sur un plateau de terre élevée à une distance d'environ deux milles et trois quarts en ligne directe du lac St. Pierre, mais en suivant le cours de la rivière, la distance est de trois milles et un quart. A environ un mille et demi au-dessus de ces villages, la rivière augmente en largeur, et forme un rapide de battures, au delà duquel il ne peut passer de vaisseaux dans les eaux basses. Immédiatement plus bas que ce point les examens furent commencés et continués vers le débouché.

En reférant à l'esquisse on verra que depuis les rapides jusqu'à l'opposite du village en question, la profondeur de l'eau est comme suit :—

Pendant $\frac{7}{20}$ d'un mille de.................... 6 à 8 pieds. "
" $\frac{13}{20}$ "   " .... 3 " 6½ " "
" $\frac{1}{2}$ "   " .... 7 " 9 " "

De là en avant le long du chenal nord et le plus profond,

Pendant $1\frac{5}{12}$ d'un mille de.................... 4 à 7 pieds.
" $\frac{1}{2}$ "   " .... 7 " 9 " "
" $\frac{3}{4}$ "   " .... 8½ " 10 " "
".. $\frac{1}{3}$ "   " ....'.... 10 " 0 " "

De là au-dessus de la barre à l'entrée jusqu'à 10 pieds d'eau dans le lac,

Pendant $\frac{1}{3}$ d'un mille de .... 4 à 7½ pieds.
" $\frac{1}{3}$ "   " .... 4 " 5½ " "
" $\frac{1}{4}$ "   " .... 2½ " 4 " "
" $\frac{1}{6}$ .... 3 " 6½ " --
" $\frac{1}{12}$ "   " .... '............. 8 " 10 " "

A l'époque où les sondes furent faites, on disait que l'eau avait un pied de plus haut qu'elle avait coutume d'avoir dans les mois d'automne. En supposant que ceci fut correct, on devra déduire un pied des profondeurs respectives plus haut indiquées, ainsi que de celles désignées sur l'esquisse, afin d'avoir l'état réel de la rivière et de l'entrée, aux eaux les plus basses.

De plus on devrait mentionner que le lit de la rivière est composé d'une qualité de matières dures, qui rendent le draguage fatigant, tandis que l'étroitesse du chenal exige qu'une plus grande quantité en soit enlevée des côtés et du centre dans le but de donner une vôie d'eau de, disons 60 pieds de large.

A son entrée dans le lac St. Pierre, l'eau est encore moins profonde des deux côtés que la ligne ne la représente—tellement que le sommet d'un banc de sable à une petite distance à l'ouest est quelquefois visible à eau basse. Cette barre, bien qu'elle ait un mille de large, entre huit pieds d'eau à l'intérieur sur une pareille profondeur à l'extérieur, est de nature à pouvoir être facilement enlevée ; mais à juger sa position tant à l'égard de la rivière que du lac, il y a tout lieu de craindre qu'elle se formerait encore plus promptement, à moins d'adopter quelques moyens pour l'éviter. On pourrait peut-être déterminer ces moyens, sans tenir compte de ce que l'étendue du commerce pourrait justifier, mais si l'on considère ces deux choses dans leurs rapport, l'affaire prend un autre aspect et semble décider la question, que si l'entrée de la rivière est creusée, les habitants s'attendent que les causes qui ont formé des l'origine la barre dans cet endroit suffiront pour la tenir libre d'embarras.

Pour excaver le chenal à la profondeur de 9 pieds au-dessous de la ligne des basses eaux, et à la largeur de 80 pieds (dimensions considérées des moins considérables pour l'entrée d'un lac) il faudrait enlever environ 90,000 verges cubiques, à un coût de 1s. 1d. par verge y compris le draguage, le bateau à vapeur et les autres mécanismes........................... £4875

De l'entrée au village de St. François pour un chenal de 60 pieds de large et 7 pieds de profond à l'eau basse, allouant 15,000 verges pour l'élargissement, il y aura en tout 60,000 verges cubiques à 1s. 4d... 40000

                                      £8875

Ajouter les dépenses imprévues.............. 1125

              Total...................... £10000

On remarquera qu'il n'entre rien dans l'estimation pour la protection de l'entrée.

RIVIERE NICOLET.

Cette rivière est presque aussi large, quoique les eaux en soient plus basses, que toutes les autres. Elle a été soigneusement sondée et examinée du pont opposé au village de Nicolet, en descendant, jusqu'à 10 pieds d'eau dans la lac St. Pierre, en présence de plusieurs messieurs faisant partie du conseil de township qui eûrent la bonté de m'accompagner, et de m'assister des services d'un pilote qui connaissait bien le chenal.

Ils m'informèrent que durant les hautes eaux en mai, et dans la première partie de juin, des petits steamers voyagent sur la rivière, et transportent le frêt du village et au village. Ces messieurs m'apprirent aussi que l'eau était alors aussi basse qu'ils ne l'avaient jamais vue, fait dont il ne peut être rendu compte que par la circonstance qu'ils n'avaient pas encore porté leur attention sur ce sujet, vu qu'il était bien connu qu'à cette époque le lac St. Pierre était certainement élevé d'un pied de plus qu'il ne l'est à cette saison de l'année.

Le commerce d'exportation, en autant que la chose a pû être constatée, consiste principalement en bois de corde et en bois scié (en quantités non connues) et le commerce d'importation en articles requis pour la consommation locale.

En référant à l'esquisse on verra que la moyenne de la profondeur d'eau du pont en bas jusqu'au point marqué A, peut être représentée comme suit :

Pendant $\frac{1}{10}$ d'un milie.............. 2½ à 3 pieds de profondeur.
" $\frac{9}{20}$ " " .... 2 " 3 " "
" $\frac{3}{10}$ " " .... 1 " 1½ " "
" $\frac{1}{5}$ " " .... 5, 6 " 7 " "
" $\frac{3}{20}$ .... 4 " 5½ " "

Ces battures à divers endroits sont formées de cailoux encaissés dans de la glaise ; du point A en dehors jusqu'à 16 pieds d'eau dans le lac, la barre est formée de glaise couverte de sable, sur laquelle la profondeur d'eau varie comme suit :

Pendant $\frac{3}{10}$ d'un mille de.............. 1 à 1½ à 2 pieds.
" $\frac{1}{10}$ " " .... 2½ " 3 "
" $\frac{1}{12}$ " " .... 3 " 3½ "
" $\frac{1}{4}$ " " .... 3½ " 4½ "
" $\frac{1}{12}$ " " .... 5 à 6½ " 8½ "
" $\frac{1}{40}$ " " .... 8½ " 10

Les messieurs dont il a été parlé plus haut parurent désirer que les faits suivants fussent soumis à la considération des commissaires, c'est-à-dire—s'il était jugé impossible de creuser le chenal tout le long jusqu'au village, ils seraient satisfaits si l'entrée et la partie seulement qui comme on l'observera est située sur un " étang" de trois ou quatre pieds d'eau, formé entre la barre extérieure et une batture en dedans, étaient creusées jusqu'au point A.

Relativement à cette proposition, on pourra observer, que bien que les dépenses proportionnées puissent être bien plus considérables pour enlever une pareille quantité en dedans, comparée à celle d'en dehors, cependant l'incertitude d'un chenal en dehors, s'il est fait, et tenu en état de service, est au moins dix fois plus grande.

Les sondages dans chaque cas suivent la ligne des eaux les plus profondes : à quelques endroits sur la barre à l'entrée, le canot dans lequel ils se faisaient toucha le fond, et un peu à l'ouest il y avait un banc de sable d'un pied à 18 pouces au-dessus de la surface de l'eau.

Pour former un chenal du lac en dedans jusqu'au point A, de 80 pieds de large et de 8 pieds au dessous des eaux basses (à un pied plus bas que les sondages),

il faudra enlever 100,000 verges cubiques de la barre à 1s. 4d, par verge cubi-
que.. £5416 13 4
    Construction d'un quai, disons 1000 0 0

    £6416 13 4
Dépenses imprévues..................................... 583 6 8

    £7000 0 0

Autrement, pour creuser le chenal jusqu'au village,
    Barre extérieure comme susdit.................... £5416 13 4
    Chenal de A jusqu'au pont de 50 pieds de large et 6 pieds
      sous les eaux basses, 55,000 verges cubiques à 1s. 6d. 4120 0 0

    £9536 13 4
    Ajouter pour dépenses imprévues....... 1263 6 8

    £10800 0 0

Dans le rapport qui précède j'ai cherché à fournir toutes les informations relatives à l'amélioration de ces rivières, que j'ai pu recueillir durant ma visite aux
places respectives, et j'ai attiré l'attention sur quelques causes naturelles qui contribuent en tout ou en partie à former les barres aux entrées et qui, il est bien probable, ne disparaîtront pas simplement en creusant le chenal.

Avec l'espoir, donc. qu'il en a été dit suffisamment pour mettre les commissaires à même de décider du meilleur mode que les circonstances pourront permettre d'adopter,

                J'ai l'honneur d'être, monsieur,

                      JOHN PAGE,
                      Ingénieur, T. P.

G.

            Travaux Publics, Toronto 22 juillet, 1856.

Monsieur,—Dans le rapport général de ce département sur les travaux
publics de la province, soumis à la législature durant la dernière session la question qui était alors généralement discutée—de rendre l'Ottawa navigable dans
tout son cours—fut mentionnée, et il fut recommandé de faire l'exploration de cette
rivière et des territoires adjacents. Pour payer les frais de cette exploration, une
somme fut insérée dans les estimations et votée par le parlement.

Il est maintenant décidé que cette exploration doit commencer sans délai
et je suis chargé de vous informer que son excellence le gouverneur général,
ayant pleine confiance dans votre zèle, votre energie et votre capacité profession-
nelle, a bien voulu approuver l'arrangement qui vous en confie la charge et
la direction principale.

Copie de l'ordre du conseil à ce sujet est ci-jointe.

Dans le rapport mentionné ci-dessus, on entre comme suit en matière :

    " L'importance qu'il y a à ouvrir une ligne complète de communication
    " depuis Montréal, par la ligne des Outaouais, le lac Temiscaming et la rivière
    " des Français jusqu'au lac Huron, a dernièrement accaparé une grande partie de

" l'attention publique. La chambre de commerce de la cité de Montréal, la cor-
" poration de la cité d'Ottawa, les municipalités des divers comtés que la ligne
" doit traverser ont pris l'affaire en main et diverses pétitions qui s'y rapportent
" ont été présentées à l'exécutif."

" L'on a depuis quelques années admis la convenance d'améliorer la navi-
" gation des Outaouais en la rendant continue, de manière à éviter les transbor-
" dements nombreux qui se font nécessairement aujourd'hui ; et il a été voté
" £50,000 pour commencer les travaux qui sont tels et tellement situés que l'on
" retirera immédiatement des bénéfices à mesure que chacun d'eux sera séparé-
" ment terminé. Lorsque le canal Chats sera terminé, les retards et les frais de
" transbordement et de charroyage entre le lac Chaudière et le lac Chats cesseront,
" et la navigation ne sera plus interrompue d'Aylmer à Chats. Pareillement,
" lorsque les améliorations seront faites à la cité d'Ottawa (améliorations
" dont les spécifications et estimations sont déjà soumises) la navigation sera
" ouverte sans interruption jusqu'à Montréal. Si les canaux à Carillon et Grenville,
" connus sous le nom de canaux de l'ordonnance, avaient été la propriété et sous
" le contrôle de la province, il est probable que les améliorations auraient com-
" mencé en même temps ; et il n'y a point de doute qu'en devenant propriété
" provinciale ces canaux auraient été agrandis et améliorés."

" Toutes ces améliorations dans la navigation ont été entreprises dans la vue
" de les porter jusqu'au point où l'Outaouais en est susceptible, et des déboursés
" raisonnables et à mesure que sembleraient le demander le transport des approvi-
" sionnements nécessaires au commerce de bois et le défrichement et l'établis-
" sement du pays. Les dimensions des écluses devraient être les mêmes que
" celles des canaux du St. Laurent, mais avec un moindre tirant d'eau, savoir, 6
" pieds et 6 pouces sur les seuils—tirant d'eau que l'on considère comme grande-
" ment suffisant pour la communication par eau que l'on a en vue, et que l'on ne
" saurait bien augmenter sans des dépenses considérables, vu la profondeur de
" la rivière elle-même dans certains endroits."

" Cette voie de communication cependant est destinée à de plus grands objets,
" aujourd'hui que la question est abordée ; surtout comme ouvrant une nouvelle
" route qui, dit-on, deviendra celle d'une grande partie des produits de l'ouest pour
" les ports de l'Atlantique, et qui sera celle que suivra le bois manufacturé destiné
" aux grands marchés de Chicago, etc."

" Il n'a pas encore été fait de relevés effectifs ou d'examens sur lesquels on
" puisse compter pour arriver à la construction de semblables améliorations et l'on
" n'a pas non plus obtenu à ce sujet de renseignements d'importance pratique ;
" mais le sujet a assez d'importance pour engager les soussignés à recommander
" qu'il soit autorisé et fait un relevé et une exploration générale de la ligne ; et
" jamais le département ne pourra le faire d'une manière plus économique et
" plus effective que dans ce moment. Ce relevé devrait être fait en hiver comme
" en été, parce qu'il est important d'observer l'état et le caractère des rivières et
" des eaux dans toutes les saisons. Ce relevé ne devrait pas être fait dans la vue
" de créer une communication par eau seulement ; mais il devrait être conduit
" de manière à fournir une ample occasion d'indiquer les avantages plus ou moins
" grands que le pays présente à la construction d'un chemin de fer à travers ce
" territoire, soit dans toute ou partie de son étendue, au lieu de la navigation
" projetée."

L'extrait susdit, pris dans ses rapports avec l'ordre en conseil et avec le rapport de ce département sur lequel l'ordre est basé (et dont copie est ci-joint
transmis.) embrasse si complètement les points essentiels auxquels on devra
veiller dans la direction de l'exploration, qu'il reste bien peu d'autre chose à
ajouter pour votre gouverne.

Vous verrez que le premier objet de l'exploration est de constater les capacités réelles de la rivière, les obstacles qui en entravent la navigation et comment

les surmonter, et, dans tous les cas qui se présenteront, de décider le mode de procéder qui paraîtra le plus désidérable à tout égard pour franchir les obstacles—plutôt les tranchées latérales que des chaussées dans une rivière de la nature de l'Ottawa. Vous porterez surtout toute votre attention sur le point si important des sources et des moyens nécessaires d'alimentation au plus haut niveau, comme aussi sur le choix d'un havre convenable pour le canal dans le lac Huron. Il serait à propos d'examiner aussi et comprendre dans votre rapport le caractère des tributaires de l'Ottawa et l'étendue de leur cours navigable.

La longueur considérable et l'importance d'une communication par eau comme celle qui est sous considération, et les déboursés nécessairement énormes qu'elle entraînera font désirer que, dans le cours de vos opérations, vous ne perdiez pas de vue l'importance qu'il y a à consigner les travaux nécessaires qui, étant complétés, rapporteraient des profits directs et immédiats, pendant que les autres travaux se construiraient ; et qu'ainsi les travaux procéderaient suivant l'état des finances de la province et les besoins apparents de cette section du pays. Quant à ce sujet, il serait bon que vous constateriez quelles facilités offrent à la construction d'un chemin de fer les endroits de la rivière qui présentent des obstacles vraiment sérieux et dont l'enlèvement coûterait de grandes dépenses ; avec ces moyens, ainsi qu'il est dit dans l'ordre en conseil, le pays s'ouvrirait et l'on aurait, à des frais comparativement légers, des facilités considérables pour le transport du bois de construction, des produits agricoles, etc. Vous remarquerez sans doute que ces observations n'ont trait que pour les améliorations projetées jusqu'aux territoires établis dans cette rivière ; mais ne considérant dans cette entreprise que la création d'une voie de transport des produits de l'ouest aux ports océaniques—ce qu'un grand nombre de personnes avocassent—il est clair que cette voie de communication, qu'elle se fasse par chemin de fer ou par eau, doit être, dans l'un et l'autre cas, continue et sans interruption.

L'échelle sur laquelle on doit commencer une voie de communication qui convient à un semblable trafic, devra nécessairement être plus grande que celle qui suffirait aux besoins locaux des établissements, etc. ; et l'un des points les plus importants que votre exploration devra décider, sera jusqu'à quel point la ligne indiquée est susceptible de le devenir.

Quant aux renseignements que vous pourrez être en état de donner sur l'étendue des améliorations dont la navigation de la rivière est susceptible ou sur les facultés que le pays adjacent offre à la construction d'un chemin de fer, il serait aussi grandement à désirer que vous comprendriez dans votre exploration et rapport une description topographique et géologique du pays que vous aurez parcouru,—indiquant particulièrement la qualité du sol, la nature du bois—à être donnée à chaque quart de mille—et les facilités qu'il y a d'exploiter des pouvoirs d'eau, etc.

Comme le territoire situé entre les Chats et la Baie Georgienne est peu établi et peu connu et exploré, comparé à celui qui se trouve entre les Chats et St. Aimé, il est évident que vous devrez d'abord y porter votre attention et faire vos arrangements pour que vos partis commencent leurs études et explorations par ce territoire. Dans l'intervalle, vu l'état de ruine dans lequel tombent quelques uns des travaux des canaux de l'Ordonnance (aujourd'hui de la province) au-dessous de la cité d'Ottawa, il faudra en faire l'examen et un rapport, ainsi que la spécification et l'estimation du coût des réparations nécessaires pour les mettre en bon état, vu surtout la nécessité qu'il y a de déterminer par un examen complet jusqu'à quel point la rivière peut être rendue navigable.

Si dans le cours de l'exploration, vous désirez avoir des documens ou d'autres renseignements que ce département est en état de vous donner, ils vous seront transmis sans délai.

En terminant, je suis chargé de vous dire que comme la responsabilité de cette exploration importante tombe sur vous seul, les commissaires vous confient à vous seul le choix de vos assistants ; et ils se flattent qu'au début immédiat, vous en avancerez les travaux autant qu'il vous sera possible de le faire.

J'ai l'honneur d'être, monsieur,

Votre obéissant serviteur,

(Signé,)   T. A. BEGLY,

Secrétaire.

Walter Shanly, écuier, I. C.
Toronto.

H.

Travaux Publics.

Toronto, 19 septembre, 1856.

Monsieur,—Dans l'entrevue préliminaire que vous avez eue avec les commissaires de ce département, avant de recevoir vos instructions pour les préparatifs de " l'exploration de l'Ottawa," vous avez été mis au fait des vues qu'ils entretiennent sur la nécessité de commencer promptement l'exploration de cette partie située entre le lac Chats et la Baie Georgienne, par la vallée de Bonnechère, ou toute autre voie intérieure ou directe qui pourrait se trouver plus praticable, afin de pouvoir comparer, sous le rapport des frais et avantages respectifs, une ligne de communication par chemin de fer dans cette direction, à une autre ligne qui suivrait la vallée d'Ottawa.   L'exploration de la rivière Ottawa et des eaux qui se trouvent entre cette rivière et le lac Huron, dans le but de constater si elles sont susceptibles de devenir une communication par eau sûre et continue, étant l'objet de toute importance qui soit mentionné dans le rapport des commissaires des travaux publics et pour lequel les deniers ont été votés, il a été jugé expédient de formuler d'abord vos instructions dans ce sens—comprenant cependant, avec toutes les recherches sur la route par eau, toutes les opérations qu'il faudra faire pour vous mettre en état de faire rapport sur les facilités ou non qui s'offrent à la construction d'un chemin de fer dans la vallée ou les environs de ces eaux,—cette communication par chemin de fer devant être l'auxiliaire de toutes ces parties de la rivière Ottawa et de ses tributaires qui, dans leur état de nature, peuvent servir au transport des approvisionnemens, etc., etc., des fabricants de bois.

Comme les commissaires trouvent d'après votre rapport que cette exploration est maintenant en pleine voie de progrès, ils désireraient que, dans le cours de votre exploration générale, vous prissiez des mesures pour organiser et mettre à l'œuvre, aussitôt que possible, un partie ou des parties d'explorations des lignes à l'intérieur, tel que ci-dessus mentionné ; cette exploration devra être conduite de manière à vous mettre en état de faire un rapport complet sur le caractère et les ressources du pays, sur la qualité du climat et du sol, l'étendue et la nature des territoires à bois, le caractère et la capacité des rivières qui l'arrosent,—consignant aussi toutes les observations topographiques et géologiques qui pourront avoir quelque intérêt et mériter d'être mentionnées.

Les commissaires seront heureux d'avoir de vos nouvelles de temps à autre, relativement au service important qui vous a été confié.

J'ai l'honneur d'être, monsieur,

Votre obéissant serviteur,

(Signé,)   T. A. BEGLY,

Secrétaire.

Walter Shanly, Ecr. I. C.,
Toronto.

I.

Monsieur,—J'ai l'honneur de faire rapport, pour l'information des commissaires, sur le progrès de l'exploration de la rivière Ottawa qui m'a été confiée le 22 juillet dernier.

En recevant mes instructions, je n'ai point perdu de temps à prendre les mesures nécessaires pour receuillir tous les renseignements les plus sûrs qui étaient à ma portée sur cette longue chaîne d'eau dont l'exploration devait se faire, dans la vue d'améliorer une ligne de navigation qui s'étendrait depuis l'embouchure de la Rivière des Français, dans la baie Georgienne, jusqu'à Montréal—distance évaluée à 430 milles.

Mon attention s'étant portée sur les deniers votés pour les dépenses de cette exploration et dont le montant se trouve en proportion bien modique de l'étendue de mes instructions, j'ai cru à propos de régler mes procédés de manière à ne faire les dépenses que sur les parties de la rivière qui sont bien connues pour offrir les plus grands obstacles à une navigation continue.

L'ancienne route des canots des " voyageurs." du nord ouest, suit l'Ottawa pour la distance de 130 milles au dessus de Bytown, jusqu'à l'embouchure de la rivière Matawan, remontant ce cours d'eau, à peu près vers l'ouest jusqu'à sa source dans le lac à la Truite (environ 40 milles), elle traverse alors la hauteur des terres qui séparent les eaux qui tombent dans l'Ottawa de celles des tributaires du St. Laurent. La largeur du plateau de séparation peut être évaluée à trois milles et il est baigné du côté ouest par le lac Nipissing; traversant ce lac on atteint la source de la rivière des Français qui se décharge dans la baie Georgienne. La distance qui sépare l'embouchure du Matawan où nous quittons l'Ottawa et la rivière des Français, est d'environ 125 milles.

Cette ancienne route de canots est celle qui doit être adoptée comme base de navigation sur une plus grande échelle et dont les besoins croissants du pays exigent le parachèvement, dans la vallée de l'Ottawa.

Poursuivant mes recherches, j'appris que sur cette partie de la rivière Ottawa ci-dessus mentionnée—c'est-à-dire les 186 milles de Bytown au Mattawan, il y a 85 milles environ sur lesquels des bateaux à vapeur de 5 pieds à 5½ de tirant d'eau naviguent en trois sections différentes : le point le plus élevé qu'ils atteignent étant les rapides des " Deux Joachims " 135 milles au-dessus de la cité d'Ottawa (Bytown).

Ces trois sections navigables sont :

1. Le lac des Chênes : commençant à neuf milles au-dessus de Bytown et s'étendant jusqu'au bas des rapides des Chats.................. 25 milles.

2o. Le lac des Chats : de la tête des rapides des Chats au. portage du Fort...................... 23 milles.

3o. La rivière Creuse : s'étendant depuis la tête de l'Isle des Allumettes jusqu'au bas des rapides des deux Joachims environ............... 37 milles.

J'ai aussi constaté que le département a fait faire l'étude d'un canal de neuf milles de long pour relier le Bas-Ottawa, avec le lac des Chênes au-dessus et que, plus loin, un canal de trois milles pour franchir les rapides des Chats, et unir les deux lacs—Les Chênes et Les Chats—est actuellement en voie de construction.

La confection de ces deux travaux aura l'effet d'ouvrir une navigation continue de 60 milles de Bytown au portage du Fort ; mais de là à la tête de l'Isle des Allumettes, espace d'environ 40 milles, j'ai trouvé la rivière absolument impraticable, pour les fins de la navigation ; elle est interrompue par de nombreux rapides et divisée en deux chenaux séparés et tortueux.

J'ai fixé à cette section compliquée de la rivière le commencement de l'exploration ; considérant cependant que la question d'une navigation complète jusqu'au lac Huron doit finir par se résoudre, les améliorations qu'exige l'Ottawa proprement dit, pour les besoins de son commerce intérieur, exigeront bientôt que cette interruption de navigation qui existe entre Bytown et la tête de ce beau cours d'eau profond connu sous le nom de Rivière Creuse disparaisse ; et comme il a été dit plus haut, il a déjà été pris des mesures pour améliorer cette partie jusqu'au Portage du Fort.

Vers le milieu d'août un parti d'arpenteurs était sur les lieux et les opérations commençaient dans les environs de Pembroke ; les travaux de l'exploration ont continué tout l'hiver ; ils progressent encore et il faudra bien une autre année pour les compléter ; nulle partie proportionnée de la chaine de la navigation projetée au-dessus de Bytown n'offre autant d'obstacles et d'aussi sérieux obstacles à ces améliorations, et nulle partie n'exige une étude plus soignée et plus exacte que dans cette contrée située entre le Portage du Fort et la rivière Creuse.

Depuis la source de la rivière Creuse en montant, l'Ottawa parait couler en ligne droite et n'avoir que peu d'embarras ; la rapidité de son cours s'étant principalement concentrée dans quatre rapides de peu de longueur, variant de 10 à 40 pieds de hauteur.

Il me sembla alors, que je pouvais très bien différer pour le moment, l'examen expérimental de cette section de route située entre les Joachims et les rapides Matawan, cinquante milles de long ; en conséquence je tournai mon attention vers ce chaînon si important où l'on doit chercher à relier les eaux de l'Ottawa à celles du lac Huron, entre l'embouchure de la rivière Matawan et le lac Nipissing.

Le Matawan se dirige en montant à peu près vrai ouest : sa longueur est de quarante milles, et sa source, dans le lac de la Truite, est à trois quarts de mille de celle de la rivière de Vase, tributaire du lac Nipissing.

Sur cette section, je plaçai deux partis d'arpenteurs, et me préparai à passer une campagne d'hiver en y envoyant des provisions, etc., en assez grande quantité pour durer jusqu'à l'ouverture de la navigation que, dans ces régions, l'on ne peut attendre avant le 10 mai.

Nonobstant la sévérité de l'hiver, le thermomètre indiquant souvent 39° au-dessous de zéro, je puis faire rapport que les travaux ont constamment progressé sur le Matawan, et qu'ils se conduisent de manière à fournir une carte entière, complète et exacte de la rivière et de ses lacs, avec ensemble l'examen topographique de ces hauteurs qui en séparent les eaux de celles du lac Nipissing, de manière à pouvoir constater où et comment l'union de ces eaux pourra s'effectuer.

Ce qui précède comprend tout ce que je voulais faire pour exécuter mes instructions jusqu'au moment où j'aurais des moyens de pousser mon exploration plus loin : mais lors de la suspension des travaux des Chats, je suggérai au département d'employer le personnel du génie, qui se trouvait engagé, à finir l'exploration de la rivière depuis le bas du canal jusqu'à la tête de celui qui était projeté et qui doit franchir les rapides Chaudière à partir de Bytown. Cette exploration qui prend tout le lac des Chênes, fait des progrès ; et avec les facilités que donne la glace, je pense que j'aurai sondé exactement les principaux chenaux, entre les points en question, lorsqu'il ne sera plus sûr d'y travailler.

Vu ce qui est ajouté plus haut à mon premier plan d'opérations, toute l'étendue de la route maintenant sous étude est comme suit :

1o. De la tête des rapides Chaudière au pied des Chats..... 25 milles.
2o. Du Portage du Fort au pied de la Rivière Creuse..... 40 "
3o. De l'embouchure du Matawan à celle de la rivière de
Vase .... 45 "

Total................. 110 milles.

Toute l'étendue de cette route qui se trouve sous mes instructions comprend, je suppose 430 milles, en sorte qu'il en reste 320 milles que l'on n'a nullement cherché à explorer. Dans cette distance, cependant, se trouvent de grandes étendues d'eau profonde, qui pour être explorées, coûteront bien moins par mille, que les sections que nous explorons maintenant.

Pendant que je suis encore sur le sujet, qu'il me soit permis de dire que d'après l'opinion que j'ai pu me former sur le projet de pratiquer un canal à vaisseaux par la route de l'Ottawa jusqu'aux lacs de l'ouest, il n'y a point de section dans la rivière qui demande une étude plus soignée, il n'y a pas d'endroit qui offre des obstacles aussi continus à une bonne navigation, que cette partie que l'on nomme le bas Ottawa, qui s'étend de Bytown à son confluent avec le St Laurent ; la longueur de cette distance est communément portée à 120 milles, si l'on prend Montréal comme point de jonction ; pour cette partie de route, il n'a été fait aucune exploration si ce n'est quelques visites pour constater dans qu'elle condition se trouvaient les canaux de l'Ordonnance.

Quand aux résultats des explorations qui progressent en trois sections comme je l'ai dit plus haut, je ne suis pas prêt à en parler dans le moment, ce rapport n'étant que pour mettre les commissaires au fait des mesures qui ont été prises pour mettre leur intention à exécution. Depuis le commencement de l'hiver, les ingénieurs ont particulièrement dirigé leur attention vers le sondage des diverses parties de la rivière sur laquelle ils sont engagés, et tant que la glace sera sûre, cette partie importante des travaux sera poussée avec toute la diligence possible ; car ce sont les faits qu'elle mettra au jour qui résoudront la question de l'échelle de navigation que l'Ottawa et d'autres eaux dans la chaine possédent déjà de leur nature ou qu'ils sont susceptibles d'acquérir par l'art. Les commissaires verront aussi que cette question, comme aussi celle beaucoup plus importante encore des frais, aura à être traitée en gros et qu'elle ne saurait l'être aussi longtemps qu'il y aura sur la route des obstacles qui n'auront pas été examinés. Tous les sondages qui peuvent se faire à l'aide de la glace durant cette saison seront faits au milieu d'avril au plus tard ; et vers la fin de ce mois, je crois que je serai en état de vous rapporter avec quelque certitude la capacité de toutes les rivières et lacs qui forment les différents anneaux dans la chaine de navigation qui s'étend au-dessus de la cité d'Ottawa ; je pourrai aussi parler de la grande question de l'union des eaux de l'Ottawa à celles du lac Huron, et la source qui devra fournir l'eau nécessaire aux écluses.

Quant à cette partie de mes instructions qui me prescrit une exploration de chemin de fer qui suivrait la vallée de l'Ottawa, afin que les avantages qu'il offrira comme moyen de communication puissent être comparés aux avantages de la navigation de la rivière, j'ai à faire rapport qu'il a été relevé une ligne de Pembroke aux rapides des Joachims, distance de 40 milles ; que la configuration du pays n'est pas favorable à la construction d'un chemin de fer, et que je n'ai pas cru à propos d'encourir des dépenses inutiles en continuant l'exploration plus haut que les rapides susdits, à la tête de la navigation de la " rivière Creuse. "

J'ai fait de Pembroke le point de départ de l'étude du chemin de fer, considérant qu'il était inutile de commencer plus bas dans la rivière, vu que la compagnie du chemin de fer de Brockville et Ottawa avait déjà tracé sa ligne jusque là.

Pour les renseignemens nécessaires relatifs aux frais de l'exploration, pour le passé comme pour l'avenir, je demande à vous renvoyer à ma lettre du 21 dernier qui traite spécialement de cet important sujet.

Avant de terminer ce rapport, j'ai à dire que j'ai moi-même exploré cette partie de la ligne de communication en projet, située entre l'embouchure de la rivière des Français à l'angle nord-est du lac Huron et le Portage du Fort, au pied de la série de Chutes du Calumet, sur l'Ottawa ; et j'ai généralement examiné les principaux obstacles qui s'opposent à une navigation continue sur cet e longue étendue d'eau.

Quant au résultat de mes observations sur cette section de la route où les eaux coulent vers l'ouest et dont je n'ai pas encore parlé, je dirai, en peu de mots que cette embouchure de la rivière des Français, dans laquelle je suis entré sous la direction d'un sauvage du lac Nipissing, n'est nullement embarrassée d'isles et est tout à fait accessible aux gros vaisseaux ; que la rivière des Français elle-même est singulièrement propre à la grande navigation ; que le lac Nipissing, cette belle nappe d'eau, possède au moins sur le côté où nous travaillons (le sud) un ancrage profond et sûr ; et enfin, que les hautes terres qui en séparent les eaux de celles de l'Ottawa ne sauraient être comme un obstacle insurmontable à leur union, quand il est bien connu qu'une tranchée de trois quarts de mille de long sur douze pieds de profondeur ferait couler dans le lac Huron, par la rivière des Français, les eaux supérieures du Matawan, maintenant tributaire de l'Ottawa, et qui a plus de 200 pieds de profondeur.

J'ai voyagé en canot dans toute la partie ci-dessus décrite de la route, environ 260 milles, et j'ai trouvé partout une eau profonde, tranquille, et partout plutôt le caractère de celle d'un lac que d'une rivière ; et je suis arrivé au terme de mon voyage, avec une conviction bien fermement imprimée que la nature y avait tracé un sentier au désert que le génie du commerce saurait bientôt faire servir à ses besoins. Je considère comme inévitable l'union des eaux des grands lacs avec " la grande rivière du nord ; " L'exploration déterminera l'échelle de navigation à laquelle cette route, dans tout son parcours, sera le plus propre.

Dans mon prochain rapport je serai prêt à discuter le sujet des écluses, indiquant le nombre qu'il en faudra faire sur cette route comparé à ce qu'il en faut pour les lacs et le St. Laurent ; un état comparatif des distances sera aussi donné.

Je ne puis terminer ce rapport sans rendre témoignage à l'exactitude singulière des explorations faites par Sir William Logan, géologue de la province, et son assistant M. Murray, sur le Matawan, le lac Nipissing et la Rivière des Français. J'ai dit singulière, par rapport aux moyens limités qu'ils avaient à leur disposition.

Le niveau du Mattawan que le premier de ces messieurs avait pris, je crois, s'est trouvé strictement correct, l'exploration du lac Nipissing et de la Rivière des Français que M Murray a fait seul, comme j'apprends, est une œuvre sur laquelle on peut grandement compter, et contribuera à diminuer le temps et les dépenses pour les travaux d'ingénieurs dont les commissaires m'ont chargés.

Le tout respectueusement soumis, monsieur.

Votre obéissant serviteur,

W. SHANLY.

TORONTO :—IMPRIMÉ PAR JOHN LOVELL, YONGE STREET.